BEATE SILKENATH

W0072954

# Die 7 Spielregeln
## für Erfolg im Job

### Ungeschriebene Gesetze durchschauen –
### sich selbst besser ins Spiel bringen

# Inhalt

# Emotional intelligent handeln und sichtbar werden

1

2

3

4

# Werden Sie
## zum
# Netzwerker!

## Service

# Vorwort

Ob im Fußballstadion oder Sandkasten: Nur wer sich an die Spielregeln hält, darf auf Dauer mitspielen! Die wirklich wichtigen Regeln im Job sind oft die ungeschriebenen. Wer sie kennt und nach ihnen handelt, hat einen strategischen Vorteil gegenüber denen, die sich nur stur an schriftlich fixierte Arbeitsanweisungen halten. Auf den folgenden Seiten erfahren Sie, wie Sie hinter diese Regeln kommen. Und es wird noch besser: Wenn Sie die Spielregeln Ihrer Firma kennen, können Sie eigene aufstellen und schneller vorankommen! Tipps, wie Sie Ihre Ziele konkret definieren und ab wann Sie eigene Regeln aufstellen können, finden Sie in diesem Ratgeber.

Aber Sie spielen ja nicht allein – wenn Sie Kollegen, Kunden und Ihren Chef nicht miteinbeziehen, weigern die sich womöglich, weiter mitzumachen. Lernen Sie das Beziehungsgeflecht Ihrer Firma zu durchschauen und für sich zu nutzen! Lesen Sie, wie Sie ein tragfähiges Netzwerk aufbauen und durch emotionale Intelligenz punkten.

Dabei wünsche ich Ihnen viel Spaß und Erfolg.

Ihre Beate Silkenath

# Kann ich hier erfolgreich werden?

→ Woran liegt es, ob man in einem Unternehmen erfolgreich ist? Lässt sich das beeinflussen? Und: Wäre es nicht wunderbar, wenn Sie schon vor Jobantritt prüfen könnten, ob das Unternehmen und Sie zusammenpassen? Bei der heutigen Arbeitsmarktsituation können Fehlentscheidungen teuer werden. Und schließlich wollen Sie nicht die Katze im Sack kaufen.

# Recherchieren Sie die
# ungeschriebenen
## Regeln

Es gibt allgemeingültige Karriereregeln, die für jeden Mitarbeiter auf jeder Karrierestufe Gültigkeit haben. Daneben hat jedes Unternehmen seine ganz eigenen Gesetze, die für den Karriereerfolg entscheidend sind. Es liegt auf der Hand, dass Sie sich nur dann erfolgreich an diesen geheimen Spielregeln orientieren können, wenn Sie sie kennen. Die Frage ist: Wie bekommen Sie heraus, welche Spielregeln das sind und welches Spiel überhaupt gespielt wird?

## Wie sieht Ihr Traumjob aus?

Zunächst ist es sinnvoll, eigene berufliche Ziele zu klären: Dann wissen Sie auch, welche Unternehmensregeln Sie gerne mitspielen möchten. Was erhoffen Sie sich von einem Job, was möchten Sie selbst dort einbringen? Wenn Sie das wissen, sind Sie bereits ein großes Stück weiter. Zum einen, weil Sie dann eine Liste mit den Ihnen wichtigen Punkten erstellen und Ihren neuen Arbeitgeber daraufhin abklopfen können. Zum anderen helfen Ihnen klare Vorstellungen dabei, auch während des Jobs auf Kurs zu bleiben.

## Nutzen Sie die Zeit vor der Bewerbung

Holen Sie so früh wie möglich alle Informationen ein, um den Regeln einer Firma auf die Spur zu kommen.

# Was sind Ihre beruflichen Ziele?

Arbeiten Sie, um zu leben – oder leben Sie für Ihre Arbeit?

_____

_____

Wie wichtig ist Ihnen Ihr Gehalt? Und welche Einschränkungen nehmen Sie in Kauf für das Gefühl, gut bezahlt zu werden?

_____

_____

Übernehmen Sie gerne Verantwortung (für Projekte, Mitarbeiter, finanzielle Mittel)?

_____

_____

Wie wichtig sind Ihnen die Kollegen? Arbeiten Sie gern im Team und lernen Sie gern von anderen?

_____

_____

Ist Ihnen soziales Engagement im Job wichtig?

_____

_____

Spätestens aber zum Vorstellungsgespräch ist es gut, wenn Sie sich bereits ein grobes Bild von Ihrer Wunschfirma gemacht haben. Denn am Ende des Vorstellungsgesprächs haben Sie meistens die Möglichkeit, selbst Fragen zu stellen und offene Punkte, zu denen Sie bei Ihren Recherchen keine befriedigende Antwort gefunden haben, zu klären.

### Was sagen Website und Stellenanzeige?

Zunächst einmal können Sie sich über die offiziellen, allgemein zugänglichen Spielregeln der Firma einen Überblick verschaffen – idealerweise, bevor Sie sich dort bewerben. Quellen sind zum Beispiel die Website der Firma: Wie spricht das Unternehmen Kunden und Besucher an? Erfahren Sie hier schon etwas über die internen Strukturen oder die Organisation? Im Internet finden Sie bisweilen auch das Unternehmensleitbild. Langfristige Unternehmensziele und die Strategien, wie diese zu erreichen sind, werden hier aufgeschlüsselt. Die Unternehmenskultur wird ausformuliert: Welchen Normen und Werten fühlt sich das Unternehmen verpflichtet? Welcher Kommunikationsstil wird gepflegt, wie steht es um die Corporate Identity, also das Wir-Gefühl im Unternehmen? Gibt es Regeln für das Krisenmanagement? Und schließlich: Wie koordiniert sich das Unternehmen, welche Beziehung gibt es zwischen Mitarbeitern und Führungskräften, wie stellt sich das Unternehmen nach außen dar, zum Beispiel durch seine Öffentlichkeitsarbeit?

Eine große Schweizer Handelsgruppe definiert sich beispielsweise über folgende Aussagen:

→ Wir sind Impulsgeber und Multiplikatoren neuer nachhaltiger Leistungen.

→ Wir fordern den Mut zur Kreativität und den Willen zur Veränderung.

→ Wir messen uns an den Besten und pflegen die Details.

Diese Sätze lassen auf ein Unternehmen schließen, das sich ehrgeizige Ziele gesetzt hat. Wer sich »den Willen nach Veränderung« auf die

**Schöne Leitbild-Welt**

→ Ein Unternehmens-Leitbild ist nicht unbedingt identisch mit der Realität, auch wenn es im Präsens formuliert ist. Es sagt eher aus, welche Unternehmensstrategie verfolgt wird und ist damit Ausdruck der Unternehmensphilosophie. Daher beschreibt das Leitbild weniger die Gegenwart als vielmehr einen angestrebten Zustand in der Zukunft. Es dient den Mitarbeitern als Vision, ein Ziel, zu dem sich das Unternehmen hin bewegen möchte.

Fahne schreibt, wird sowohl innerhalb des Unternehmens als auch bei seinen Produkten massive Veränderungen in Kauf nehmen oder sogar anstreben. Wenn sich ein Unternehmen »an den Besten« misst, wird es das natürlich auch von seinen Mitarbeitern fordern: außergewöhnliches Engagement und Leistungsdruck inklusive. Hier möchte jemand mit »Mut zur Kreativität« Trends setzen und eventuell eine marktführende Position einnehmen oder ausbauen. Daher setzt so ein Unternehmen auf Mitarbeiter, die bereit sind, eingetretene Pfade zu verlassen. Der Satz »Das haben wir schon immer so gemacht« dürfte in dieser Firma ein ernsthaftes Personalgespräch nach sich ziehen.

Fragen Sie sich selbstkritisch: Passt das zu mir, zu meinen Überzeugungen? Möchte ich in diesem Unternehmen arbeiten? Kann ich mir vorstellen, mich in diese Strukturen einzufügen?

Ziehen Sie auch die Stellenanzeige heran und klopfen Sie alle Punkte ab: Bin ich wirklich innovativ? Oder fühle ich mich eher den Traditionen verpflichtet? Finde ich das Erlernen neuer Technologien spannend oder eher belastend? Wer würde nicht von sich sagen, dass er hilfsbereit ist – aber kämpfen Sie sich im Zweifelsfall nicht doch lieber allein durch? Wie stark ist Ihr Wille zur Veränderung wirklich? Sind Sie nicht doch eher ein gemütlicher Zeitgenosse und schätzen die Beständigkeit?

# Welche Überzeugungen
# prägen mich?

Wo würden Sie lieber arbeiten: Bei einem neugegründeten Technologie-Unternehmen oder einer Firma, die schon lange in Familienbesitz ist?

_____

_____

Ein neues EDV-System bedeutet für Sie: Alles wird besser? oder: alles Stress?

_____

_____

Wo kommen Ihre Stärken zu Geltung: als Einzelkämpfer oder im Team?

_____

Neuer Job: Lust oder Frust?

_____

_____

Auf jeden Topf passt ein Deckel, und je mehr Sie über sich selbst und die Anforderungen des neuen Jobs sowie das Unternehmen wissen, desto besser werden Sie und Ihr Arbeitgeber zusammenpassen. Denn ein Topf mit unpassendem Deckel kann nicht die volle Leistung bringen. Entweder verdampft sämtliche Flüssigkeit, der Deckel klappert unablässig, oder er fällt einfach in den Topf hinein. Schauen Sie also genau hin und suchen Sie sich den passenden Topf.

## Welchem Führungsstil möchten Sie folgen?

Dazu, welchen Führungsstil ein Unternehmen pflegt, finden Sie leider nur selten Hinweise im Internet. Aber vielleicht können Sie ja zwischen den Zeilen lesen:

→ Im Stil von »laissez faire« (»lasst machen«) verfährt beispielsweise ein staatliches Krankenhaus. Hier lautet die Maxime: »Hauptsache, ihr sprecht euch ab und es läuft.« Es liegt auf der Hand, dass die Mitarbeiter dort Verantwortungsbereitschaft mitbringen und bereit sein müssen, diese gemeinsam zu leben. Wenn Sie Glück haben, wird darauf bereits in der Stellenausschreibung hingewiesen, beispielsweise durch die Forderung nach einem ausgeprägten Willen, Verantwortung zu übernehmen. Oder Sie fragen im Vorstellungsgespräch, wie stark das Unternehmen Verantwortung auf die Mitarbeiter überträgt. Auch in einigen Unternehmen, die weltweit operieren, wird von den Mitarbeitern erwartet, dass sie in Teams mit ausländischen Kollegen unterschiedlicher Nationalität und Sprache zusammenarbeiten. Ob ein Unternehmen international tätig ist, verrät oft die Website. Ob Sie selbst mit ausländischen Mitarbeitern zu tun haben werden, hängt natürlich von Ihrer Position im Unternehmen ab.

→ Möchten Sie sich in einer Behörde bewerben, werden Sie hin und wieder auf eine Haltung von »Mir kann keiner was« treffen. Hinweise darauf kann die Tatsache sein, dass Mitarbeiter gern von der Möglichkeit des Vorruhestands Gebrauch machen. Wenn Sie es selbst sehr geregelt mögen und einen pünktlichen Feierabend schätzen, könnten Sie hier richtig sein. Rasante Karrieren stehen Ihnen bei Behörden allerdings in der Regel nicht offen.

→ Sie wollen ganz nach oben? Dann passt zu Ihnen ein Unternehmen, das nach dem Prinzip »up or out« arbeitet: Entweder erreicht man die nächste Karrierestufe in der vorgesehenen Zeit, oder man muss das Unternehmen verlassen.

→ Vorsichtig sollten Sie werden, wenn Sie dem Prinzip »hire & fire« begegnen. Eine ehemalige Mitarbeiterin einer Zeitarbeitsfirma berichtet: »Die Mitarbeiter werden für spezielle Jobs bei den Kunden des Unternehmens eingestellt und stürzen sich voll Enthusiasmus in die Arbeit. Sobald der Kunde diese Leute nicht mehr braucht, gehen sie aber nicht zurück an das Zeitarbeitsunternehmen, sondern in die Arbeitslosigkeit, weil sie exakt in dem Moment von der Zeitarbeitsfirma entlassen werden. Weil das in der Regel in der Probezeit passiert, kann der Mitarbeiter nichts unternehmen.«

## Nutzen Sie Internet-Netzwerke!

Wie kommen Sie aber an solche Informationen, beispielsweise über den Führungsstil eines Unternehmens, die Entlassungsmethoden oder die Stimmung in einer Abteilung? Auch hierzu werden Sie auf der Website wohl kaum fündig, denn diese Interna kennen nur die Mitarbeiter selbst. Also: Sprechen Sie sie direkt an! In sogenannten Online-Netzwerken organisieren sich Mitarbeiter nahezu aller großen Unternehmen. Über persönliche Nachrichten können Sie Kontakt aufnehmen, Telefonnummern austauschen und sich bei Bedarf und Sympathie auch treffen. Haben Sie keine Hemmungen, den ersten Schritt zu tun! Der große Informationsvorsprung gegenüber den anderen Bewerbern ist es auf jeden Fall wert. Und vielleicht lernen Sie auf diesem Weg ja bereits zukünftige Kollegen kennen.

TIPP

### Vorab klären

→ Informieren Sie sich speziell bei Zeitarbeitsunternehmen vorab: Gehört das Unternehmen dem Bundesverband Zeitarbeit an? Gibt es einen Tarifvertrag? Das können Indizien für ein seriöses Unternehmen sein. Unerlässlich ist aber eine gründliche (Internet-)Recherche, welche Erfahrungen andere mit diesem Unternehmen gemacht haben.

## Das Bewerbungsgespräch: Klären Sie offene Punkte

Ein Bewerbungsgespräch hat immer zwei Gesprächspartner: Sie und das Unternehmen, bei dem Sie sich bewerben. Stellen Sie daher gezielt Fragen zum Unternehmen und zu Ihren potenziellen Aufgaben. Damit beweisen Sie, dass Sie sich bereits Gedanken gemacht haben. Warten Sie nicht, bis Ihr Gesprächspartner am Ende des Vorstellungsgespräches fragt: »Haben Sie noch Fragen?«

### Wer hat die Fäden in der Hand?

Die Strippenzieher müssen nicht immer dieselben Leute sein, die nach außen als Entscheidungsträger auftreten. Manchmal dominiert eine einzelne Person eine ganze Abteilung. Indiz dafür kann sein, dass eine Stelle innerhalb von kurzer Zeit zwei- oder mehrmals neu besetzt wurde. Ich kenne zum Beispiel ein großes Handelsunternehmen, das über mehrere Jahre ständig neue Vertriebsmitarbeiter suchte. Der Grund war allein der Vertriebsleiter: Er war bei nahezu allen Mitarbeitern unbeliebt, da er sich nicht an Arbeitsanweisungen hielt und oft tagelang für niemanden zu sprechen war. Trotzdem unterstützte ihn die Geschäftsführung, weil er Umsatz machte wie kein anderer. Fragen Sie also am besten im Vorstellungsgespräch, wie lange Ihr Vorgänger auf seinem Platz war: Waren es nur einige Monate, könnte Ihnen ein schwieriger Chef oder ein besonders schwieriger Mitarbeiter bevorstehen!

## TIPP

### Weitere Informationsquellen

→ Abonnieren Sie die Newsletter derjenigen Unternehmen, für die Sie sich interessieren. Informieren Sie sich im Wirtschaftsteil der Tageszeitungen und in Wirtschaftsmagazinen, und üben Sie sich darin, auch zwischen den Zeilen zu lesen: Was sagen die jeweiligen Meldungen zum Beispiel über den Führungsstil der Firma und die Kommunikation mit den Mitarbeitern aus?

## Gibt es Doppelbesetzungen?

Einige Unternehmen besetzen – getreu dem Motto »Wettbewerb über alles« – offene Positionen an entscheidender Stelle doppelt. Zum Ende der Probezeit wird dann beurteilt, welcher der Bewerber besser abgeschnitten hat – der andere wird verabschiedet. Wer nicht gern mit ausgefahrenen Ellenbogen arbeitet, macht um Unternehmen mit diesen Methoden besser einen großen Bogen. Vielleicht bekommen Sie Hinweise dazu in Internet-Netzwerken, oder Sie tasten sich im Vorstellungsgespräch vorsichtig heran: Fragen Sie, wie viele Positionen in Ihrem Bereich zu besetzen sind und ob es weitere Bewerber gibt. Manche Unternehmen lassen dann die Katze aus dem Sack.

## Wie steht es um die Hierarchie?

Die Betriebsorganisation hängt eng mit der Hierarchie zusammen und ist sozusagen ihre offizielle Lesart. Am häufigsten werden Sie auf die Linien- und die Matrixorganisation treffen.

Die Linienorganisation ist hierarchisch aufgebaut: Hier gibt es eindeutige Unterstellungsverhältnisse, Sie entscheiden wenig allein, wissen aber genau, wen Sie bei Bedarf ansprechen können oder von wem ein Auftrag kommt. Daraus ergibt sich auch, dass Sie unter Umständen langwierige Wege durch die Instanzen und eine schwerfällige Abstimmung zwischen den Bereichen in Kauf nehmen müssen.

Die Matrixorganisation bietet kürzere Kommunikationswege: Wer kompetent ist, entscheidet. Die Gefahr liegt in Machtkämpfen, unbefriedigenden Kompromissen und langen Verhandlungen. Versuchen Sie also selbst einzuschätzen, was Sie für ein Typ sind:

→ Bekommen Sie gern gesagt, was zu tun ist? Haben Sie es gern mit einem bestimmten Ansprechpartner zu tun?

→ Oder bringen Sie lieber eigene Ideen auf den Tisch, die Sie auch gerne vertreten und diskutieren?

### Passen Bezahlung und Prämien?

Gibt es eine erfolgsabhängige Bezahlung? Nach welchem Prinzip? Gerade wenn Sie sehr leistungswillig und -fähig sind, kann eine erfolgsabhängige Bezahlung ein echter Anreiz sein. Prüfen Sie aber, ob Sie tatsächlich in der Lage sind, die dafür notwendigen Ziele aus eigenem Antrieb zu erreichen. Denken Sie beispielsweise daran, dass ein Vertriebserfolg immer auch vom Kunden beziehungsweise von den konjunkturellen Bedingungen abhängt.

Auch die erfolgreiche Abwicklung eines Projektes haben Sie in der Regel nicht allein in der Hand, sondern sie hängt am ganzen Team.

Treueprämien und Betriebsrenten sind ein sicheres Indiz dafür, dass Ihrem Arbeitgeber etwas an der Langfristigkeit der Beschäftigungsverhältnisse liegt.

### Welche Karrierechancen haben Sie hier?

Sich frühzeitig über die Aufstiegsmöglichkeiten im Wunschunternehmen zu informieren kann später Enttäuschungen oder sogar die eigene Kündigung, weil man nicht weiterkommt, ersparen.

Es gibt leider immer noch Unternehmen, die bestimmte Gruppen – seien es Frauen, Alleinerziehende, Ausländer oder Behinderte – schlechter behandeln als andere. Der Personalchef eines mittelständischen deutschen Automobilzulieferers offenbarte mir in einem Satz die dortige Firmenpolitik: »Frauen werden bei uns nur als Sekretärinnen eingestellt.« Aber auch Männer treffen in einigen Unternehmen auf Benachteiligungen, zum Beispiel wenn sie Erziehungsurlaub nehmen möchten.

## TIPP

**Niemanden übergehen**

→ Egal, welche Betriebsorganisation Sie vorfinden: Halten Sie unbedingt den offiziellen Berichtsweg ein! Nichts hassen Vorgesetzte mehr, als von ihren Mitarbeitern übergangen zu werden.

Wenn Sie nicht nur rasch Verantwortung übernehmen, sondern vor
allem auch Karriere machen wollen,
informieren Sie sich so bald wie
möglich darüber, wie wichtige Positionen im Unternehmen besetzt
werden. Denn nicht überall ist ein
steter Aufstieg möglich. Ein europä-
isches Unternehmen der Mineralöl-
industrie mit deutscher Niederlas-
sung besetzt hohe Posten immer
extern. Als ehemaliger Auszubilden-
der oder auch Einsteiger frisch von
der Uni ist die Karriereleiter früher
oder später zu Ende. Aber vielleicht

**Heikle Themen**

→ Manche Themen eignen sich
nicht, im Vorstellungsgespräch er-
örtert zu werden. »Erziehungsurlaub
für Männer« ist so ein Thema. Die
Einstellung des Unternehmens dazu
können Sie vorher am ehesten über
Internet-Recherche, hier in speziellen Foren, herausbekommen. Immer
wieder wird über schwarze Schafe –
insbesondere unter den großen
Konzernen – berichtet.

**1**

haben Sie ohnehin vor, die Firma nach zwei oder drei Jahren zu verlassen – dann braucht Sie dieser Umstand nicht zu stören.

## Wie sieht es aus mit Überstunden?

Auch das Thema Überstunden kann Ihnen wichtige Hinweise zur
Unternehmenskultur und den Sozialstrukturen eines Unternehmens
geben: Es gibt Firmen, die grundsätzlich keine Überstunden zulassen,
sei es aus sozialen oder aus Kostengründen. In anderen Unternehmen
sind Überstunden nahezu an der Tagesordnung. Die einen, meist mit
Zeiterfassungssystemen, bezahlen die Überstunden oder bieten die
Möglichkeit eines Urlaubsausgleiches, die anderen fordern sie als
selbstverständliches Zeichen von Motivation.

Scheuen Sie sich nicht, das Thema Überstunden bereits im Vorstellungsgespräch anzuschneiden. Es ist elementar für Sie zu wissen, wie damit
umgegangen wird und ob Sie sich mit diesem Vorgehen auch arrangieren können.

Klopfen Sie dieses Thema vorsichtig ab. Fragen Sie beispielsweise: »Sie sagen, dass es hier eine 37-Stunden-Woche gibt. Wie realistisch ist es für die Position, über die wir gerade sprechen, dass das ausreicht? Wie oft fallen Überstunden an, und wie erfolgt deren Ausgleich?«

Bei einer deutschen Wirtschaftsprüfungsgesellschaft zum Beispiel brauchen neue Mitarbeiter immer einige Zeit, um sich ins Unternehmen einzuarbeiten. Dieser Arbeitgeber verlangt von ihnen aber von Anfang an die gleiche Performance wie von den alteingesessenen Kollegen. Das ist nur durch – in diesem Fall unbezahlte – Überstunden zu schaffen. Dazu meint der Geschäftsführer: »Natürlich verlangen wir am Anfang sehr viel. Sobald die Neuen diese Feuertaufe aber überstanden haben, steht ihrem Aufstieg in unserem Unternehmen nichts mehr im Weg.« Ist Ihnen Ihre Karriere sehr wichtig und sind Sie bereit, dafür auf Freizeit zu verzichten, bieten solche Unternehmen mitunter ein sehr gutes Sprungbrett.

### Betriebsrat – ja oder nein?

Viele Betriebe kommen völlig ohne Betriebsrat aus, obwohl sie mehr als fünf Mitarbeiter haben und demnach laut den gesetzlichen Vorgaben einen installieren könnten. Das ist in der Regel ein gutes Zeichen, denn es besagt, dass man in diesem Unternehmen auch ohne Betriebsrat miteinander zurechtkommt. Manche Arbeitgeber verhindern aber auch die Gründung eines Betriebsrates. Diese Fälle gehen oft durch die Presse, hier ist Vorsicht angesagt. Kleine Betriebe besitzen in der Regel keinen Betriebsrat, weil sie die gesetzlichen Vorgaben nicht erfüllen. Die Arbeit eines Betriebsrates ist von Unternehmen zu Unternehmen unterschiedlich, grundsätzlich vertritt er die Interessen der Mitarbeiter und wahrt die Mitbestimmung gegenüber dem Arbeitgeber. Der Betriebsrat wird vom Arbeitgeber über Personalplanung sowie technische und organisatorische Veränderungen im Betrieb informiert und hat bei jeder Kündigung ein Mitspracherecht.

### Ausländische Unternehmenskultur

Augen auf auch bei Tochterunternehmen großer ausländischer Konzerne: Hier wird oft die Unternehmenskultur aus dem Land des Mutterunternehmens importiert, unabhängig davon, ob sie der deutschen Arbeitskultur entspricht. Allerdings gibt es auch hier Ausnahmen, wie das deutsche Tochterunternehmen eines international agierenden Pharmakonzerns: Zwar nimmt das Tochterunternehmen die Anweisungen der amerikanischen Mutter entgegen, aber sie werden ignoriert, weil man weiß, dass sich vieles in Deutschland nicht umsetzen lässt. Auch wenn man sich in der Anfangszeit als neuer Mitarbeiter besser an die Richtlinien seines Arbeitgebers hält, bietet ein solches Unternehmen langfristig vielleicht sogar die Möglichkeit, die Unternehmenskultur mitzubestimmen.

### Ihr Vorgänger

Wie lange war Ihr Vorgänger auf seinem Platz? Ist er aufgestiegen oder zu einem anderen Unternehmen gegangen? Wenn ja, warum? Fragen Sie danach ganz direkt. Ein Unternehmen, das nichts zu verbergen hat, wird Ihnen gern Auskunft geben. Es spricht schließlich nichts dagegen, wenn ein Gruppenleiter nach drei Jahren die Chance wahrgenommen hat, bei der Konkurrenz Abteilungsleiter zu werden. Sollte er aber während der Probezeit freiwillig gegangen sein, kann das bedeuten, dass man ihm mehr versprochen hat, als letztlich gehalten wurde, oder dass er mit dem Chef oder den Kollegen nicht zurechtkam. Fragen Sie nach, warum es nicht passte. Womöglich wird Ihnen eröffnet, dass es ihm an unternehmerischem Denken und Handeln mangelte – sprich: Ihm lag an einem pünktlichen Feierabend und an seinen Wochenenden. Lieben Sie ebenfalls Ihre Freizeit, könnte Ihnen das zu denken geben. Fragen Sie auch nach, ob Ihr Vorgänger noch da sein wird, um Sie einzuarbeiten.

# Welches Unternehmen ist das **richtige** für mich?

→ Bitte entscheiden Sie, welche Aussagen am ehesten auf Sie zutreffen:

**1) Welche der folgenden Fragen stellen Sie auf jeden Fall im Einstellungsgespräch?**

a) Wie wird meine hierarchische Einstufung sein? Welchen Titel hat die zu besetzende Position? ○

b) Wie groß wird das Team sein, in dem ich arbeiten werde? ○

c) Welche Kompetenzen werden für den Job gebraucht? ○

d) Ist dieser Standort als Einsatzort bindend? Oder besteht die Chance auf wechselnde Einsatzorte? ○

**2) Was hilft Ihnen, sich in einem neuen Unternehmen zurechtzufinden?**

a) Ich mag es, wenn ich weiß, woran ich bin. Klare Arbeitsanweisungen helfen mir, mich zu orientieren. ○

b) Ich schaue mir gern bei Kollegen ab, warum sie erfolgreich sind. ○

c) Mir braucht keiner zu sagen, was ich zu tun habe. Meine Stärke ist es, selbst herauszufinden, was als Nächstes getan werden muss. ○

d) Arbeitsanweisungen sind eher nichts für mich. Ich möchte auch mal was Neues ausprobieren können. ○

**3) Sie sind im Festausschuss für die nächste Abteilungsfeier. Was schlagen Sie vor?**

a) Abendessen bei einem guten Italiener und dann ins Theater. Zum Abschluss noch einen Drink in der Bar – da ist für jeden etwas dabei. ○

b) Ich schlage ein Koch-Event vor. In Teams entsteht – mit Unterstützung von Profi-Köchen – ein 3-Gänge-Menü. ○

c) Warum nicht mal eine Fahrrad-Rallye? Mit vielen spannenden Aufgaben kommt bestimmt keine Langeweile auf. ○

d) Ich wollte schon immer an einem Stuntworkshop teilnehmen. Das ist die Gelegenheit! ○

**4) Ihre Freunde erzählen vom neuen Job. Wen beneiden Sie?**

a) Anna arbeitet in der Verwaltung einer Versicherung. Sie bekommt
13,5 Monatsgehälter und hat immer pünktlich Feierabend. ○

b) Luca arbeitet als Disponent eines Mineralölkonzerns. Er leitet ein
kleines Team und wird bald Abteilungsleiter. ○

c) Sarah ist Zahntechnikerin in einem kleinen Labor. Ihr Chef hat ihr von
Anfang an sehr viel Verantwortung übertragen. ○

d) Maximilian arbeitet für eine international tätige Werbeagentur. Dienst-
reisen nach Hamburg, Paris oder Amsterdam sind an der Tagesordnung. ○

**5) Welche drei Eigenschaften charakterisieren Sie am besten?**

a) fleißig, sorgfältig, genau. ○

b) durchsetzungsstark, beharrlich, kommunikationsstark. ○

c) praktisch veranlagt, offen, selbstständig. ○

d) aktiv, neugierig, kreativ. ○

## Auswertung

### ÜBERWIEGEND a):

Mit festen Strukturen und Vorgaben
kommen Sie am besten zurecht. Sie
sollten sich daher vorzugsweise um
einen Job in der Verwaltung oder auch
im öffentlichen Dienst bemühen.

### ÜBERWIEGEND b):

Ihre Durchsetzungsstärke prädesti-
niert Sie für eine Karriere in einem
Großunternehmen oder Konzern.
Hier bieten sich die besten Entwick-
lungschancen.

### ÜBERWIEGEND c):

Sie übernehmen gern Verantwortung
und haben einen ausgeprägten
Willen zum Erfolg. Bauen Sie diese
Stärken in einem Unternehmen mit
flachen Hierarchien aus.

### ÜBERWIEGEND d):

Sie sind kreativ, flexibel und lieben
die Abwechslung. Medien, Marketing, Beratung und Verkauf sind Ihre
Felder.

## Checken Sie das soziale Miteinander und Ihre Karrierechancen

Das Bewerbungsverfahren ist abgeschlossen, und Sie haben den Job? Herzlichen Glückwunsch! Jetzt geht es darum, die internen Regeln zu lernen – je schneller, desto besser. Doch gerade für Neulinge ist das nicht immer ganz einfach, denn jedes Unternehmen hat seine eigenen Gesetze, und die bekommen Sie leider nicht am ersten Arbeitstag ausgehändigt. Welches sind nun die Basics? Wie bekommen Sie das heraus? Und vor allem: Wie gehen Sie damit um? Achten Sie am Anfang vor allem auf die folgenden Punkte:

### Gehen die Kollegen gemeinsam Mittag essen? Wer geht mit wem?

Hieran können Sie erkennen,

→ wie die Mitarbeiter miteinander auskommen. Ist das Klima gut, werden oft größere Gruppen miteinander zu Tisch gehen. Ist die Stimmung gedrückt, packt mittags jeder seine Stullen aus oder geht allein um den Block.

→ wer mit wem besonders gut kann oder kungelt.

→ wer von wem Informationen erhält. Das ist besonders interessant, wenn Gerüchte kursieren, eine neue Position besetzt werden soll oder Mobbing gegen einen Mitarbeiter läuft.

→ wer ein Außenseiter ist oder von den anderen eher gemieden wird; im schlimmsten Fall sind Sie es sogar selbst.

## TIPP

### Informelle Gespräche nutzen

→ Auch wenn Sie mittags nicht gern etwas essen, weil Sie sich hinterher schlapp fühlen – gehen Sie mit! Sie können sich ja auf einen Salat beschränken. Aber die informellen Gespräche in der Kantine sind Gold wert. Und schließlich wollen Sie ja nicht als Außenseiter gesehen werden.

## Wird für Geburtstage gesammelt?

Sich gegenseitig zum Geburtstag zu gratulieren ist ein Zeichen von Respekt. Wird der Geburtstag der anderen bewusst ignoriert, zeugt das entsprechend von fehlendem Respekt. Und: Wer sich versteht, feiert auch gern miteinander.

## Wie ist die Stimmung in informellen Gesprächen?

Um welche Themen geht es vor dem Kaffeeautomaten oder im Raucherraum?

Ist der Ton beschwingt, und man lacht miteinander? Dann ist das Klima wahrscheinlich gut. Es sei denn, es handelt sich um hämisches oder boshaftes Gelächter über andere.

Sind die Gesichter ernst? Dann kann es sich entweder um kritische Gespräche über Vorgesetzte oder Kollegen handeln oder auch ganz schlicht um fachlich anspruchsvolle Themen. Kommt allerdings ein gedämpfter Ton hinzu, ist möglicherweise etwas faul: Eine Umstrukturierung, eine Umbesetzung oder eine Fusion könnten anstehen.

## Trifft man sich auch außerhalb der Arbeitszeit?

Gehen die Kollegen ab und zu abends miteinander essen? Oder gemeinsam ins Kino? Wer lädt ein? Wer wird eingeladen? Und noch wichtiger: wer nicht?

Auch hier gilt: Wenn die Belegschaft oder ein Teil davon sich abends trifft und etwas gemeinsam unternimmt, stimmt es mit dem Klima. Dann bekommen Sie voraussichtlich auch in stressigen Zeiten Unterstützung durch die Kollegen.

Bei einem deutschen IT-Beratungshaus gehört es zum Bewerbungsprozess, dass, nachdem der Bewerber mehrere Interviews durchlaufen hat, jeder der Interviewer gefragt wird: »Würdest Du mit ihr/ihm heute Abend noch ein Bier trinken wollen?« Sobald auch nur einer der Interviewpartner diese Frage mit Nein beantwortet, ist der Bewerber raus. Ein Senior Berater dieses Hauses sagt dazu: »Klar, das ist sehr subjektiv. Aber das ganze Leben ist nun mal subjektiv.«

### Gibt es Rivalitäten?

Bekriegen sich einzelne Mitarbeiter oder ganze Abteilungen beziehungsweise Niederlassungen? In diesem Fall ist besondere Vorsicht geboten. Denn Sie können schnell zwischen die Fronten geraten. Hüten Sie sich davor, Partei zu ergreifen. Aber auch schlichten zu wollen kann nach hinten losgehen. Am besten hinterfragen Sie die Situation dezent mit offenen Fragen, die sich nicht mit Ja oder Nein beantworten lassen, beispielsweise: »Warum fragen wir nicht einfach, was Frau X dazu sagt?« oder »Was würde passieren, wenn wir Abteilung Y mit einbinden würden?« Fragen Sie in der gleichen Weise auch die Gegenseite. So finden Sie heraus, woher der Wind weht, und können Lösungsoptionen anbieten.

### Welchen Stellenwert hat Hilfsbereitschaft?

Geht man zu Beginn auf Sie ein und bietet Ihnen Unterstützung an, oder sitzen alle gestresst an ihren eigenen Projekten? Wer nicht genügend Zeit für seine eigene Arbeit hat, wird kaum anderen unter die Arme greifen können. Auch Konkurrenzsituationen nach dem Motto »Warum sollte ich meine Kollegin unterstützen, wo sie doch

## TIPP

### Der richtige Weg bei informellen Strukturen

→ Halten Sie alle offiziellen Entscheidungsträger auf dem Laufenden, und bitten Sie sie um ihre Meinung. Es wäre unklug, sie zu übergehen, außerdem besitzen sie wichtige Informationen. Arbeiten Sie eng mit den Mitarbeitern der informellen Struktur zusammen, sie können sich als Verbündete erweisen.

diejenige ist, die für die nächste Beförderung ansteht?« sind das Aus für jede Hilfsbereitschaft.

### Ist die Einarbeitung geregelt?

Wenn Ihr Vorgänger nicht fristlos entlassen wurde, hat er eine Kündigungsfrist einzuhalten, während der Sie im Idealfall bereits die neue Stelle antreten und von ihm eingearbeitet werden können. Zwar lässt sich das nicht immer arrangieren, gerade dann nicht, wenn Sie selbst eine Kündigungsfrist einzuhalten haben. Aber der gute Wille zählt, denn es gibt leider nicht wenige Unternehmen, die sich um die Einarbeitung ihrer Mitarbeiter gar nicht kümmern. Daran sehen Sie bereits, wie viel Ihrem Arbeitgeber an Ihrer Arbeitszufriedenheit liegt.

### Wer steht bei E-Mails im CC?

E-Mails können wichtige Hinweise auf die offizielle und inoffizielle Unternehmensstruktur geben:

→ CC (Carbon-Copy = Kopie): Erstempfänger sowie die Empfänger der Kopien sind sowohl für den Erstempfänger als auch für jeden Empfänger einer Kopie sichtbar. Der Empfängerkreis weiß, wer die E-Mail bekommen hat. Oft werden die Vorgesetzten in Kopie gesetzt, damit sie über den Vorgang informiert sind. Wahren Sie hier das rechte Maß, um Ihren Chef nicht zuzumüllen – bei einem Telefonat wäre er ja auch nicht dabei. Verunsicherte Mitarbeiter setzen ihren Chef gern ins CC, um sich abzusichern. Das scheint vor allem dann nötig zu sein, wenn das Miteinander nicht sehr vertrauensvoll ist. Weiterhin ist eine Kopie an den Vorgesetzten geeignet, einen Kollegen anzuschwärzen. Zum guten Umgangston gehört das mit Sicherheit nicht.

Oft werden auch Know-how-Träger oder Experten ins CC gesetzt. Das ist vollkommen in Ordnung, und je öfter Sie selbst in dieser Funktion im CC auftauchen, desto besser für Ihr Ansehen in der Firma und Ihre Karriere dort.

→ BCC (Blind-Carbon-Copy = Blindkopie): Nur der Erstempfänger und die Kopie-Empfänger sind für alle Empfänger (einschließlich der Blindkopie-Empfänger) sichtbar. Die ins BCC eingetragenen Empfänger sind weder für den Erstempfänger noch für die Kopie-Empfänger und auch nicht für die Blindkopie-Empfänger sichtbar. Für BCC gibt es eigentlich nur einen zulässigen Grund: Sie wollen einen größeren Personenkreis, beispielsweise Kunden, einladen; dabei sollen die E-Mail-Adressen dieser Personen geschützt werden. Sie setzen sich also selbst als Empfänger ein, und die Empfänger, die geheim bleiben sollen, setzen Sie ins BCC.

### Wie detailliert ist die Arbeitsanweisung?

Je detaillierter Ihre Arbeitsanweisungen sind, desto sicherer können Sie sein, wenn Sie sich daran halten. Im Extrem zeugen sehr ausführliche Anweisungen aber auch von einer starren Unternehmensführung, die wenig Freiraum für Sie lässt. Perfekt ist das Mittelmaß: Die Arbeitsanweisungen sagen, was zu tun ist. Wie es genau zu tun ist, bleibt aber den Mitarbeitern überlassen beziehungsweise wird vom direkten Vorgesetzten vorgegeben.

## INFO

### Besser nicht

→ Es kommt einer Todsünde gleich, eine Mail an einen Kollegen zu senden und seinen Vorgesetzten ins BCC zu setzen. Wenn Ihr Kollege eine E-Mail von Ihnen erhält, hat er auch ein Recht zu erfahren, wer diese E-Mail ebenfalls erhalten hat. Sollte also in Ihrem Unternehmen BCC in einer anderen Weise Verwendung finden als oben beschrieben, steht es um das Thema Vertrauen nicht besonders gut.

Schweigt sich das Unternehmen dagegen aus oder formuliert sehr allgemein, kann das ebenfalls etwas bedeuten: Vielleicht wird hier – je nach Bedarf – einmal die Einhaltung einer Arbeitsanweisung eingefordert, dann wieder von der Führungsmannschaft selbst missachtet. Man legt sich nicht fest und ist so auch nicht festzulegen. In diesem Fall können Sie mit einer gewissen Willkür rechnen. Davor können Sie sich nur schützen, indem Sie wichtige Absprachen schriftlich festhalten, eventuell in einer E-Mail. Ihrem Zulieferer schreiben Sie beispielsweise, dass – in Abstimmung mit Ihrem Chef – ab sofort Sie für Verhandlungen zuständig sind. Ihren Vorgesetzten nehmen Sie ins CC.

### Wie werden Neuerungen bekannt gegeben?

Per Rundschreiben oder Anschlag ans Schwarze Brett, sodass man sie eigentlich nur zur Kenntnis nehmen kann? Das lässt auf autoritäre Führungsstrukturen schließen. Oder besteht die Möglichkeit zur Diskussion, weil die Neuerung entweder mit den betroffenen Mitarbeitern im Vorfeld besprochen oder auf Betriebsversammlungen thematisiert wird? Wird den Mitarbeitern Gelegenheit gegeben, Fragen zu stellen? Das lässt auf einen kooperativen Führungsstil schließen.

### Wie hoch ist die Mitarbeiterfluktuation?

Wie oft verlassen wie viele Mitarbeiter die Firma? Auch das ist ein wichtiges Indiz dafür, wie wohl sich die Menschen in einem Unternehmen fühlen. Allerdings hat eine geringe Fluktuation auch Nachteile: Für das Erklettern der Karriereleiter müssen Sie in so einem Unternehmen einen deutlich längeren Atem haben. Allgemein ist die Fluktuation in privaten Unternehmen höher als in einer Behörde mit großem Beamtenanteil. Und in konjunkturellen Hoch-Zeiten ist sie tendenziell höher als in Phasen einer Konjunkturschwäche, da die Mitarbeiter dann seltener wagen, den Arbeitsplatz zu wechseln, und lieber ihren Platz »hüten«.

### Scheiden Mitarbeiter lautlos aus?

Wenn Kollegen scheinbar plötzlich und lautlos das Unternehmen verlassen, hat man sich in aller Regel außergerichtlich geeinigt. Das bedeutet, dass der Mitarbeiter

→ eine überaus gute Abfindung bekommen hat, meist mehr, als er in einem Arbeitsgerichtsprozess bekommen würde – und dazu müssen Sie wissen, dass die deutschen Arbeitsgerichte meist sehr arbeitnehmerfreundlich urteilen,

→ oftmals für den Rest der Beschäftigungszeit freigestellt wurde und

→ sich verpflichtet hat, über den Prozess und die Bedingungen Stillschweigen zu bewahren.

Sie fragen sich, warum ein Arbeitgeber sich darauf einlässt? Vor allem, um keinen Staub aufzuwirbeln. Denn weder auf den verbleibenden Mitarbeiterstamm noch auf potenzielle neue Mitarbeiter und auch nicht auf seine Kunden würde es einen besonders guten Eindruck machen, wenn ein Unternehmen immer wieder beim Arbeitsgericht vorstellig wird. Auch die Konkurrenz weiß einen solchen Umstand oft für sich zu nutzen.

### Gibt es schwierige Fälle?

Wie wird mit unbequemen Mitarbeitern umgegangen? Gab es schon Strafversetzungen oder Rückstufungen? Hier schlagen sich Führungsstil, Umgangston und auch das gegenseitige Vertrauen innerhalb des Unternehmens nieder. Denken Sie nicht: »Der ist selbst schuld«. Manchmal machen Firmen Einschüchterungen zum Prinzip. Ich weiß vom Fall eines großen Gebäudereinigungsunternehmens, das seine Mitarbeiter mit Abmahnungen überhäuft, oft wegen Kleinigkeiten. So werden sie nicht nur gefügig gemacht, es wird ihnen auch die Vertrauensbasis entzogen. Und im Bedarfsfall können sie recht leicht entlassen werden.

Verhält sich das Unternehmen sozial, wenn ein Mitarbeiter über einen längeren Zeitraum nicht die geforderte Leistung erbringen kann, zum Beispiel nach einer schweren Krankheit oder einem Schicksalsschlag? Können auch Sie als neuer Mitarbeiter darauf vertrauen?

Der Hauptabteilungsleiter einer großen Krankenkasse sagt dazu: »Es kann jedem passieren, dass er über einen begrenzten Zeitraum nicht so leistungsfähig ist. Das muss ein Unternehmen aushalten können.« Nicht wenige Unternehmensführungen denken heute, in Zeiten harter Konkurrenz und vieler guter Bewerber, leider anders. Wie steht Ihr neuer Arbeitgeber dazu?

## Wie transparent ist der Mitarbeiterbeurteilungsprozess?

Die Mitarbeiterbeurteilung ist die Basis für Ihre Weiterentwicklung im Unternehmen. Durch einen Abgleich der Eigen- mit den Fremdeinschätzungen kann Ihr persönliches Potenzial aufgedeckt, gefördert und ausgebaut werden. Oftmals sind an den Beurteilungsprozess Boni und andere Sonderzahlungen geknüpft. Auch insofern ist es also wichtig, was man von Ihnen und Ihrer Arbeit hält.

Einige Unternehmen arbeiten dabei mit dem sogenannten 360-Grad-Feedback. Das bedeutet, dass Sie Rückmeldung von unterschiedlichen Personen und aus allen Blickrichtungen erhalten. Dabei handelt es sich um eine Einschätzung fachlicher und persönlicher Kompetenzen durch Ihren Vorgesetzten, Ihre Kollegen, eventuell auch durch Kunden, strategische Partner, Investoren und Sie selbst. So erhalten Sie eine multidimensionale und relativ objektive Sicht auf Ihre Leistung, Ihr Verhalten und Ihr Potenzial.

Sie können davon ausgehen, dass ein Unternehmen, das das 360-Grad-Feedback einsetzt, an der persönlichen und fachlichen Weiterentwicklung seiner Mitarbeiter wirklich interessiert ist. Eine gute Voraussetzung für die Zusammenarbeit!

## Wie steht es um Beförderungen, Gehaltserhöhungen und Weiterbildung?

Gibt es Kollegen, die schon lange auf eine Beförderung warten, während andere scheinbar die Karriereleiter nur so hinaufstolpern? Gibt es für die Gehaltserhöhung einen Prozess, oder müssen Sie selbst aktiv werden? Werden Weiterbildungsmaßnahmen gefördert? Wer darf wie oft zum Fortbildungsseminar? Ein nachvollziehbarer Prozess und ein fundiertes Angebot sind Pluspunkte eines jeden Unternehmens.

Sind die Prozesse und ihre Bedingungen für Beförderung, Gehaltserhöhung und Weiterbildung undurchschaubar, sind Willkür und Ungerechtigkeit Tür und Tor geöffnet. Wenn es keine klaren Strukturen gibt, werden Sie am besten selbst aktiv, indem Sie diese Strukturen zumindest für sich einfordern oder schaffen: Definieren Sie einen jährlichen Termin mit Ihrem Vorgesetzten, vereinbaren Sie beispielsweise jeweils Anfang Januar einen Gesprächstermin, an dem Sie mit Ihrem Chef über Geld und Ihre Karriere sprechen.

Die Bitte zu diesem Gesprächstermin können Sie in etwa so formulieren: »Ich würde mich mit Ihnen gern über meine weitere Entwicklung im Unternehmen austauschen.«

## TIPP

### Bonuszahlungen

→ Wenn Bonuszahlungen einmal im Jahr erfolgen, achten Sie darauf, dass auch die Erfolge, die Sie zu Anfang des Jahres erbracht haben, Berücksichtigung finden. Lassen Sie sich am besten gleich nach einem abgeschlossenen Projekt Ihre Leistung bewerten, auch schriftlich!

# Selbst aktiv werden

Wie schaffen Sie es, sich ins Team einzufügen? Wie knüpfen Sie schnell und leicht positive und gewinnbringende Kontakte? Und wann ist der richtige Zeitpunkt, eigene Vorschläge anzubringen?

## Smalltalk verbindet

Viele der oben aufgezählten Punkte, welche speziellen Regeln in Ihrem Unternehmen gelten und wie es im Einzelnen tickt, werden Sie erst nach und nach herausfinden. Beschleunigen können Sie das, indem Sie von Anfang an Kontakt zu möglichst vielen Kollegen pflegen, die Sie nach einer gewissen Zeit, in der Vertrauen aufgebaut wird, auch mit Interna versorgen werden. Wohldosiert und zu den richtigen Themen können Sie mit Smalltalk fast jeden für sich gewinnen. Allerdings taugen dazu nicht alle Themen: Lassen Sie besser die Finger von Politik und Krankheit. Ersteres endet schnell in einer hitzigen Diskussion, und beim Thema Krankheit blühen zwar viele auf, aber sie sprechen in der Regel nur über sich. Daraus entsteht kein echter Dialog, außerdem kann beim Gegenüber schnell der Eindruck entstehen, dass Sie ihn oder sie nicht ernst nehmen, wenn Sie auf detaillierte Schilderungen nicht mit Mitgefühl reagieren, sondern die Details Ihrer eigenen Krankengeschichte ausbreiten.

Werden diese Themen einmal in der Runde behandelt, versuchen Sie, ganz sanft zu etwas anderem zu wechseln, indem Sie beispielsweise sagen: »Ja, da ist was dran. Dabei fällt mir gerade ein: Was hat sich eigentlich in der Sache XY ergeben?« Meistens klappt das. Falls nicht, halten Sie sich mit Kommentaren besser zurück. Möchte Sie ein Kollege zu einer Äußerung, beispielsweise zu Ihren politischen Ansichten, nötigen, hilft eine kleine Notlüge: »Oh, in dem Thema bin ich überhaupt kein Experte. Tut mir leid.« Schon sind Sie aus dem Schneider.

### Zeit für eigene Ideen?

Ist jetzt die Zeit, eigene Vorschläge und Ideen einzubringen? Ich denke, eher noch nicht. Aber Sie können sich notieren, was Ihnen auffällt, wo Sie Verbesserungspotenzial sehen, und diese Ideen nach einigen Monaten Betriebszugehörigkeit anbringen. Möglicherweise gibt es auch ein betriebliches Verbesserungsvorschlagswesen: Finden Sie heraus, wie stark es genutzt wird und inwieweit die Vorschläge dann auch umgesetzt werden. Denn häufig wird das betriebliche Verbesserungsvorschlagswesen nur als Alibi-Funktion angeboten. Machen Sie sich vorher schlau, bevor Sie allzu viel Energie dort investieren.

# Survival-Tipps
## für die ersten 100 Tage

Die ersten drei Monate im Job sind nicht nur entscheidend für die Frage, ob Sie nach der Probezeit übernommen werden, sondern auch dafür, wie sich Ihr weiteres Bestehen im Unternehmen gestalten wird. Ihr erstes Ziel wird es daher sein, Ihrem neuen Arbeitgeber in den ersten 100 Tagen ein möglichst optimales Bild von sich zu vermitteln. Das soll natürlich nicht bedeuten, dass Sie nach diesen kritischen Tagen den Schlendrian einziehen und sich gehen lassen können. Es ist nur fast unmöglich, das, was in den ersten 100 Tagen Erfolg versprechend und damit absolut notwendig ist, in diesem Maße über einen längeren Zeitraum durchzuhalten. Zumindest dann nicht, wenn Sie noch ein Privatleben haben. Sagen Sie Ihren Freunden und Bekannten also Bescheid, dass Sie in den ersten 100 Tagen viele Abende mit Überstunden verbringen werden.

## Erfahrungsbericht

### Jobeinstieg mit Tücken

*Wie Marie ergeht es vielen Neuen: Nach dem BWL-Studium tritt sie ihre erste Stelle als Controllerin bei einem großen international tätigen Kosmetikkonzern an – mit viel Elan und Engagement. Sie weiß, dass sie als Neue noch keine großen Sprünge machen kann, dass sie sich zunächst einarbeiten muss und andere vor ihr dran sein werden, wenn es um Beförderungen geht. Aber sie bringt viele Ideen mit und will endlich all das, was sie im Studium gelernt hat, in die Tat umsetzen. Sie möchte ihren Beitrag zum Erfolg des Unternehmens leisten. Kurzum: Sie ist voller Enthusiasmus und Power, als der erste Arbeitstag endlich Wirklichkeit wird.*

*Und zunächst geht auch alles gut. Sie wird freundlich in die Gemeinschaft der Kollegen aufgenommen, jeder ist an ihr und ihren Ideen interessiert. Besonders die Teamleiterin scheint sie als Bereicherung des Teams zu sehen. Marie scheint es glücklich getroffen zu haben und freut sich jeden Tag aufs Neue, zur Arbeit gehen zu können.*

*Doch schon bald wandelt sich das Klima im Team. Wann genau das passierte, kann Marie im Nachhinein nicht mehr sagen. Irgendwann kühlte der Ton ab, ihre Meinung war nicht mehr gefragt, in Teammeetings fuhr ihr die Teamleiterin immer öfter über den Mund. Und das vor all den anderen Kollegen! Schlimmer aber ist, dass Marie sich nicht erklären kann, was hier passiert ist.*

*Warum scheinen plötzlich alle von ihr abzurücken? Sie hat doch nichts falsch gemacht und gegen keine Arbeitsanweisung verstoßen. Im Gegenteil: In ihrem Unternehmen sind Verbesserungsvorschläge ausdrücklich erwünscht. Trotzdem läuft hier etwas gründlich schief. Hat sie womöglich gegen ihr unbekannte Regeln verstoßen?*

So wie Marie aus dem Erfahrungsbericht geht es nicht wenigen Job-Neulingen, weiß der Personalvorstand einer großen deutschen Versicherung: »Es ist oft so, dass neue Mitarbeiter, die voller Tatendrang ins Unternehmen kommen, nach zwei bis drei Monaten scheinbar plötzlich vor einer ganz anderen Situation stehen: Die Kollegen, die ihnen zunächst so offen gegenübertraten, distanzieren sich mehr und mehr. Und auch der Vorgesetzte, der anfangs alle Vorschläge des neuen Mitarbeiters begierig aufgesogen hat, fragt ihn immer seltener nach seiner Einschätzung.«

Warum? Der Personaler nennt dafür zwei Gründe: Einerseits bringen neue Mitarbeiter frischen Wind in die Firma; Kollegen und Vorgesetzte schätzen sie wegen ihrer neuen Ideen. Jeder, der schon länger in einer Firma arbeitet, weiß, wie schnell man in Routine und Langeweile verfällt. Der Neue bietet die Chance, den Kopf wieder frei zu machen für unverbrauchte Vorschläge. Andererseits sind dem Neueinsteiger die internen Spielregeln noch unbekannt. Vieles lässt sich allein mit Enthusiasmus eben nicht umsetzen.

Haben Job-Neulinge also keine Chance, ihre Ideen erfolgreich umzusetzen? »Doch«, meint der Personaler. »Aber hierfür braucht der neue Mitarbeiter einerseits sehr viel emotionale Intelligenz und idealerweise auch einen Mentor im Unternehmen. Und selbstverständlich muss er zunächst wissen, wie die Firma überhaupt tickt.«

Also: Informieren Sie sich über grundsätzliche Punkte des Unternehmens: Wer trifft wie Entscheidungen, welche Karrierechancen habe ich, wie viel Einsatz wird von mir erwartet, wie sehen die sozialen Strukturen des Unternehmens aus? Denn Sie kommen nicht weit, wenn Sie sich einfach nur strikt an Ihre Arbeitsanweisungen halten. Zwar sind hier wichtige Punkte zu Firmenphilosophie, Sozialstrukturen, Arbeitsqualität oder Kundenkontakten zusammengefasst, und an die sollten Sie sich auch halten. Aber sie sind nur die halbe Wahrheit: Entscheidend sind die Regeln, die unausgesprochen im Unternehmen gelten.

# Regel 1:
## Die ungeschriebenen Gesetze einer Firma sind wichtiger als schriftliche Vorgaben.

Die ungeschriebenen Gesetze einer Firma sind wichtiger Bestandteil Ihrer täglichen Arbeit. Sie zu missachten kann Sie tatsächlich den Job kosten, weil Sie dann nicht ins Unternehmen zu passen scheinen. Diese Regeln zu kennen und danach zu leben kann Ihnen andererseits ungeahnte Möglichkeiten eröffnen. Nur wer die ungeschriebenen Regeln einer Firma kennt und beachtet, wird dort glücklich und jeden Tag aufs Neue voller Elan zur Arbeit gehen. Und wer sie für sich nutzt, hat obendrein gute Chancen, richtig Karriere zu machen. Während Sie einige ungeschriebene Gesetze schon im Bewerbungsprozess kennenlernen konnten, geht es jetzt an die Feinarbeit.

## Fragen Sie!

Gerade als Neuling hat man oft das Gefühl, sich mit zu vielen Fragen etwas zu vergeben und die anderen darauf zu stoßen, dass man vieles noch nicht weiß. Aber woher sollten Sie all die Firmen-Spezifika auch kennen? Es ist ganz normal, nachfragen zu müssen. Und wann, wenn nicht jetzt, haben Sie die Chance, so hemmungslos Ihr Nichtwissen einzugestehen, ohne Schaden zu nehmen? Zudem können Sie sich jetzt als Kommunikations-Profi beweisen, indem Sie offene Fragen stellen. Statt »Gibt es ein zentrales Telefonverzeichnis?« werden Sie mit der Frage »Wo ist das zentrale Telefonverzeichnis abgelegt?« bereits einige Details mehr erfahren. Stellen Sie auch Fragen, die Ihnen helfen, die Zusammenhänge und Hintergründe zu verstehen, zum Beispiel: »Was passiert mit dem Dokument im Anschluss?«

## Engagement: Wie viel sollte es am Anfang sein?

Es versteht sich von selbst, dass Sie in dieser kritischen Zeit auf keinen Fall zu spät kommen dürfen, morgens topfit und ausgeschlafen sind. Reden Sie in den allerersten Tagen auch besser nicht über Urlaub. Für Ihre Freizeitgestaltung können diese Wochen eine Saure-Gurken-Zeit bedeuten. Ihr Feierabend wird voraussichtlich für Sonderaufgaben oder Überstunden flexibel bleiben müssen. Vielleicht brauchen Sie für neue Aufgaben auch noch länger als vorgesehen. Ihr neuer Chef wird es nicht gern sehen, wenn das zu Lasten der Kollegen geht. Sagen Sie Ihrem Partner und Ihren Freunden im Vorfeld Bescheid. Hat jemand dafür kein Verständnis, liegt der Verdacht nahe, dass er nicht wirklich das Beste für Sie will, sondern eher für sich selbst.

## TIPP

### Gestresste Kollegen

→ Sollte ein Kollege aus Zeitmangel einmal gestresst auf Ihre Fragen reagieren, zeigen Sie Verständnis und erkundigen Sie sich, wann es ihm/ihr besser passt oder wer sonst noch über den Sachverhalt Auskunft geben könnte.

## Übertreiben Sie nicht!

Auch wenn Sie einen guten Eindruck machen möchten: Arbeiten Sie nicht wie ein Workaholic, nur um dabei positiv aufzufallen! Das könnte Ihre Kollegen ärgern. Wichtig ist, dass Sie sich gründlich einarbeiten und schnell integrieren. Auch wenn Ihr Schreibtisch überquillt: Gehen Sie mit Ihren Kollegen zum Mittagessen, und nehmen Sie sich Zeit für Smalltalk. Erzählen

**Namen schaffen Vertrauen**

→ Versuchen Sie von Anfang an, sich die Namen Ihrer Kollegen einzuprägen; in manchen Branchen ist es außerdem üblich, dass die Mitarbeiter sich duzen – manchmal ist es dabei sogar egal, welcher Hierarchiestufe sie angehören. Das bringt einen kollegialen Umgangston mit sich, doch lassen Sie sich nicht täuschen: Natürlich gibt es auch in diesen Unternehmen Konflikte und Reibereien.

Sie dabei nicht zuviel Privates, aber treten Sie locker auf. Informieren Sie sich auch über die Sitten in Ihrer Abteilung: Wenn es üblich ist, einen Einstand zu geben, sollten Sie das auch tun.

## Fehler gehören dazu

Achten Sie darauf, dass Sie alle Arbeiten sorgfältig und qualitativ hochwertig ausführen. Scheuen Sie sich auch nicht, um Feedback zu bitten. Sollte es wirklich etwas an Ihrer Arbeit zu beanstanden geben, ist es doch besser, das rechtzeitig und direkt zu erfahren, sodass Sie Gelegenheit haben, noch gegenzusteuern. Rechnen Sie auch damit, dass Sie Fehler machen werden. Das bleibt als Neuling gar nicht aus. Aber hüten Sie sich davor, Ihre Fehler zu vertuschen, sie herunterzuspielen, wenn Sie darauf angesprochen werden, oder gar jemand anderem die Schuld dafür in die Schuhe zu schieben. Sie machen sich damit keine Freunde und kommen schnell in den Ruf, nicht konstruktiv mit Kritik umgehen zu können. Besser ist es, den Fauxpas zuzugeben und im moderaten Maß Bedauern zu äußern. Nutzen Sie diese Gelegenheit gleich, um Fragen zu stellen, beispielsweise: »Wie mache ich das künftig besser? Haben Sie einen Tipp für mich?« Kollegen geben ihre Fachkompetenz gern in Tipps und kleinen Hilfestellungen weiter.

## Bieten Sie Unterstützung an

So gern die Kollegen Ihnen helfen – so gern nehmen sie natürlich auch selbst Hilfe an. Bieten Sie, im Rahmen Ihrer Möglichkeiten und solange Ihre eigenen Aufgaben dadurch nicht ins Hintertreffen geraten, Ihre Unterstützung an. Das kann zum Beispiel bedeuten, dass Sie für die Kollegen etwas aus der Cafeteria mitbringen, abends die Post mitnehmen oder kurz eine notwendige Excel-Tabelle erstellen. Vielleicht wird man Ihre Hilfe gar nicht annehmen, weil jeder weiß, dass Sie mit Ihrer Einarbeitung genug um die Ohren haben. Aber der gute Wille zählt.

Sollte sich doch die Gelegenheit ergeben, einem Mitarbeiter unter die Arme zu greifen, hüten Sie sich, vorschnell Verbesserungsvorschläge zu machen. Tragen Sie Ihre Ideen nur bei passender Gelegenheit vor, auf jeden Fall erst dann, wenn Sie voll integriert sind. Dass Sie integriert sind, können Sie daran erkennen, dass die Kollegen Sie um Ihre Meinung oder – besser noch – um einen Lösungsvorschlag bitten. Auch wenn man Sie bei auftretenden Streitigkeiten oder Unstimmigkeiten im Team um eine neutrale Einschätzung bittet, wissen Sie, dass man Sie integriert hat.

## Was tun, wenn's doch schiefgelaufen ist?

Die meisten Informationen, die Sie beim Neueinstieg brauchen, wird man Ihnen bereitwillig geben. Leider läuft es nicht immer so glatt. Aber auch dann müssen Sie nicht rat- und hilflos zusehen. Nicht selten fühlen sich Kollegen vom neuen Mitarbeiter allein durch dessen Verbesserungsvorschläge angegriffen. Wirklich neue Ideen gibt es nicht viele, und oft hatte genau Ihre Idee schon ein anderer vorher, konnte sich damit aber nicht durchsetzen. Nicht jeder, der vor Ihrer

Zeit nicht zum Zuge kam, erkennt jetzt seine Chance, die Sache endlich zu realisieren.

Er fühlt sich vielmehr um seinen Erfolg betrogen und führt jetzt genau die Gegenargumente an, die ihm schon genannt wurden. Hier einige typische Beispiele:

- Die Integration in bestehende Abläufe ist zu aufwendig.
- Der Mehrwert rechnet den Aufwand nicht.
- Die Kunden würden es nicht akzeptieren.
- Das Vorgehen entspricht nicht der Unternehmensstrategie oder Firmenphilosophie.
- Die Mitarbeiter sind nicht entsprechend qualifiziert, Zusatzqualifikationen wären zu aufwendig und teuer.

Gern werden pauschal auch der Datenschutz oder der Betriebsrat als mögliche Bremser genannt. Kurz: Der Frust der Alteingesessenen bremst Sie als Neuen. Und selbst wenn Sie auf Mitstreiter stoßen, die sich freuen, endlich jemanden im Unternehmen zu haben, der so tickt wie sie, kann dieses Klein-Team kaum erfolgreich sein. Denn es tritt wiederum anderen auf die Füße.

## Die Situation klären

Als Marie aus dem Erfahrungsbericht (→ S. 33) Hilfe suchend in meine Coaching-Praxis kam, war es für diese Tipps zu spät. Was konnte sie tun, um die Situation wieder in den Griff zu bekommen? Da in Maries Unternehmen keine Mentoren etabliert waren, war für sie der wichtigste nächste Schritt, das Gespräch mit ihrer Teamleiterin zu suchen. Wichtig war, dass dieses Gespräch in ruhiger, ungestörter Atmosphäre stattfinden konnte.

Sie sprach Ihre Teamleiterin in etwa so an: »Frau Müller, gern würde ich mich mit Ihnen in Ruhe über meine bisherige Zeit hier und die weitere Zusammenarbeit austauschen. Wann hätten Sie in den nächsten Tagen ein Stündchen Zeit für mich?«

## Gesprächsvorbereitung

Die Teamleiterin kannte ihre Aufgaben und war gern bereit, Marie für dieses Gespräch zur Verfügung zu stehen. Marie ihrerseits bereitete sich gründlich auf das Gespräch vor. Sie fragte sich:

**1** Was will ich erreichen?

→ Zunächst einmal möchte ich herausfinden, ob ich mit meinen Vorschlägen jemandem auf die Füße getreten bin. (An dieser Stelle war es wichtig, nicht die Vorschläge zu erörtern, sondern das Vorgehen.)

→ Dann gilt es, die Teamleiterin davon zu überzeugen, dass ich ein guter Teamplayer bin und keineswegs vorhabe, irgendjemanden auszubooten.

→ Danach möchte ich herausfinden, wie die Teamleiterin zu mir (auch an dieser Stelle: nicht zu den Vorschlägen!) steht.

→ Ich werde die Teamleiterin um Unterstützung bitten, wenn es darum geht, mich mit den Gepflogenheiten der Firma vertraut zu machen.

→ Und ich werde bei der Teamleiterin Tipps sammeln, wie ich mich ihrer Meinung nach in dieser Situation am besten verhalten kann.

**2** Wie kann ich meine obigen Ziele in diesem Gespräch durchsetzen?

→ Ich werde aufmerksam zuhören, der Teamleiterin nicht ins Wort fallen und die Gesprächsstruktur einhalten beziehungsweise mich nicht in Details verlieren.

→ Feedback werde ich widerspruchslos annehmen.

→ Die Bedürfnisse der Teamleiterin werde ich berücksichtigen. Es wird in ihrem Interesse liegen, dass ihr Team möglichst reibungslos funktioniert und erfolgreich ist, damit sie selbst als gute Führungskraft vom Abteilungsleiter Anerkennung erfährt.

**3** Wie realistisch sind meine Vorschläge?

Wenn die Situation es zulässt, werde ich am Ende des Gesprächs nachfragen, was die Teamleiterin davon hält und was sie mir für das weitere Vorgehen empfiehlt.

**4** Zum Schluss werde ich das Gespräch zusammenfassen, mich bedanken und idealerweise einen Folgetermin vereinbaren.

### Gestärkt aus der Situation gehen

Zwei Wochen später kann Marie von einem Erfolg auf ganzer Linie berichten. Die Teamleiterein hatte sich offen gezeigt und Marie viele nützliche Tipps gegeben, die es ihr leichter machten, sich im Team zurecht zu finden. Vor allem aber hatte sie ihr das Selbstbewusstsein zurückgegeben. Denn es war gar nicht so, dass man Marie nicht hatte leiden können, lediglich ihr Vorgehen war etwas ungeschickt gewesen. Und: Der Teamleiterin hatte es gefallen, dass Marie die Initiative ergriffen und sie angesprochen hatte. Sie hatte Marie angeboten, in einem Monat ein weiteres Gespräch dieser Art zu führen und über Fortschritte und neue Probleme zu sprechen. Marie hat auf diese Weise eine Mentorin gefunden, die sie von nun an in allen wichtigen Fragen der Einarbeitungszeit unterstützt und ihr mit Insiderwissen zur Verfügung steht. So hat sie Regel 2 bereits erfolgreich umgesetzt: Sie hat sich – nach anfänglichen Schwierigkeiten – an die Regeln der Firma gehalten und kann nun im Gegenzug Entgegenkommen erwarten. Obwohl es in der Firma kein Mentorenprogramm gibt, wird für sie eine Ausnahme gemacht.

Wer die Regeln im Unternehmen kennt und einhält, kann eigene aufstellen; dabei dürfen natürlich die bestehenden Regeln nicht einfach ausgehebelt werden. Aber es gibt immer Bereiche, in denen Verhandlungsspielraum offen ist: Wenn Sie ein geschätzter Mitarbeiter sind, auf den man sich in der Vergangenheit verlassen konnte, und wegen Ihrer neuen Familiensituation (Geburt eines Kindes oder pflegebedürftige Eltern beziehungsweise Partner) von einem Heimarbeitsplatz träumen, könnte es gut sein, dass Ihr Chef damit kein Problem hat – obwohl es das Konzept der Heimarbeit in Ihrem Unternehmen so eigentlich gar nicht gibt.

# Eigene Regeln und Ziele durchsetzen

→ Sie kennen und befolgen die geheimen Regeln Ihrer Firma? Dann wird es Zeit, Ihre eigenen Regeln aufzustellen und durchzusetzen! Damit können Sie den Grundstein für Ihr Karriereziel legen. Wissen Sie, welches das ist? Wo wollen Sie die nächsten Monate und Jahre hin? Und haben Sie dieses Ziel bereits klar und positiv formuliert?

### Erfahrungsbericht

#### Fleißiger Langschläfer

*Petra ist Controllerin mit einigen Jahren Berufser-fahrung und hat einen Job bei einer großen Zeitar-beitsfirma angetreten – nicht, um selbst an andere Unternehmen verliehen zu werden, sondern um in dieser Firma die Zahlen »im Griff zu haben«. Ihren Job macht sie richtig gut, und schon nach wenigen Wochen wird ihrem Abteilungsleiter klar, dass er mit ihr das große Los gezogen hat. Denn Petra kann die Daten nicht nur aufbereiten, auswerten und analysieren, sondern die Quartalsergeb-nisse für wichtige Meetings so geschickt im Zusammenhang darstellen, dass auch die Geschäftsführung zufrieden ist – und zwar mit Petras Chef und dessen guter Arbeit.*

*Auch Petra gefällt ihre Arbeit. Die Bezahlung stimmt, die Kollegen sind nett, ihr Chef lässt ihr viele Freiheiten – allerdings hat sie ein Problem mit der Arbeitszeit: Die Kernarbeitszeit liegt zwischen 09.00 Uhr und 15.00 Uhr, während der Gleitzeitrahmen um 07.00 Uhr beginnt und um 19.00 Uhr endet. Für Langschläferin Petra bedeutet das, zwischen 07.00 Uhr und 09.00 Uhr morgens anzufangen, mit Weg zur Arbeit also spätestens um 8.00 Uhr aufzustehen. Sie hat es mit allen Mitteln versucht: früher ins Bett zu gehen – mit dem Erfolg, doch nicht schlafen zu können; den Wecker weit weg vom Bett zu deponieren – nur um nach dem Ausschal-ten wieder ins Bett zu krabbeln; telefonischer Weckdienst durch ihre Mutter – die sie dann anschwindelte, heute bräuchte sie erst später ins Büro zu gehen.*

*Früh im Büro ist sie müde, unkonzentriert und missgelaunt, verschläft immer öfter und gewöhnt sich schließlich an, erst um 09.30 Uhr oder 10.00 Uhr*

*zu kommen. Irgendwann sagt eine wenig begeisterte Kollegin zu Petra:*
*»Sag mal, hast Du gar keine Angst, Schwierigkeiten zu bekommen, wenn*
*Du ständig die Kernarbeitszeit ignorierst?«*
*Petra ist verwirrt. Aber statt sich in Zukunft wieder früher aus dem Bett zu*
*quälen, spricht sie ihren Chef nach einer erfolgreichen Präsentation an*
*und fragt ihn, ob es ein Problem sei, dass sie erst um 10.00 Uhr ins Büro*
*käme. Ihr Chef verneint erstaunt: »Dafür bleiben sie ja auch bis 19.00*
*Uhr und sind für mich damit auch spätnachmittags noch verfügbar.«*

# Nach eigenen
# Regeln spielen

Nach internen Regeln zu spielen heißt nicht, dass Sie sich verbiegen, Ihren Standpunkt aufgeben oder es allen recht machen müssen. Hier kommt die zweite Regel ins Spiel:

## Regel 2:
## Wer die allgemeinen Spielregeln kennt, kann eigene aufstellen.

Sind Sie bereit, die Spielregeln Ihres Unternehmens anzuerkennen und sich danach zu richten? Dann können und dürfen Sie früher oder später auf Vorteile hoffen, weil Sie als wertvoller und vor allem loyaler Mitarbeiter gelten.

Sie werden überrascht sein, wie gern man Ihnen entgegenkommt und wie problemlos »untergeordnete« Regeln im Einzelfall angepasst werden können. Und Sie müssen und sollen sich nicht verbiegen, denn wer kann es jedem recht machen, dem Chef genauso wie den Kollegen? Zwischen vielen Personen und Positionen gibt es konkurrierende Ziele. Und im Zweifelsfall stehen Sie genau dazwischen.

Sinnvoller ist es, wenn Sie vor allem Ihre eigenen Ziele verfolgen und Ihre Positionen standhaft vertreten. Dann sind Sie authentisch. Prüfen Sie immer wieder, ob sich Haltung und Wünsche der Kollegen mit Ihren Überzeugungen decken. Wenn nicht, machen Sie Ihren Standpunkt klar, aber bleiben Sie für neue Positionen offen, wenn sich die Umstände ändern. Denn wer wider besseren Wissens stur bei seinen bisherigen Standpunkten bleibt, wird nicht mehr ernst genommen. Schon Adenauer hat sich mit dem Satz »Was geht mich mein Geschwätz von gestern an?« elegant aus dieser Situation gerettet. Das können Sie genauso!

## Eigene Regeln aufstellen

Checken Sie kurz, ob Sie bereits die Grundlagen gelegt haben, um Ihre Wünsche am Arbeitsplatz durchsetzen zu können.

→ Worin unterschieden Sie sich positiv von Ihren Kollegen (zum Beispiel durch sehr hohe Leistungsbereitschaft, zusätzliche Personalverantwortung oder wichtige positiv abgeschlossene Projekte)? Weiß Ihr Chef davon?

→ Gibt es einen Bereich, in dem Sie gern mehr Freiraum hätten oder sich eine Sonderbehandlung wünschen (zum Beispiel Arbeitszeit/Gleitzeit, Homeoffice, Extra-Prämien bei der Bezahlung)?

→ Welche Argumente können Sie einbringen, um Ihr Ziel zu erreichen? Wie können Sie so argumentieren, dass Ihr Chef auch Vorteile für das Unternehmen sieht?

2

# Handeln Sie
# unternehmerisch?

→ Nur wer unternehmerisch handelt, also so denkt, wie auch der oberste Boss denken sollte, nutzt dem Unternehmen dauerhaft und schafft damit die Grundlage für mögliche Sonderkonditionen und -regelungen.

Bitte entscheiden Sie, welche Aussage jeweils am ehesten auf Sie zutrifft:

### Büromaterial

a) ist ein wichtiges Arbeitsutensil. Da ist das Beste gerade gut genug. ○

b) ist kein Thema, mit dem ich meine kostbare Arbeitszeit verbringe. ○

c) brauche ich fast gar nicht. Ich strebe das papierlose Büro an. ○

### Dienstreisen

a) mache ich wahnsinnig gern. Je öfter, desto lieber. ○

b) sind ein notwendiges Übel. ○

c) versuche ich immer mit mehreren Terminen zu verbinden. ○

### Die Prozesse in unserem Unternehmen

a) laufen nicht immer rund. Aber das liegt nicht in meiner Verantwortung. ○

b) versuche ich so weit zu optimieren, dass sie mir und meiner Abteilung entgegenkommen. ○

c) zu optimieren ist mir ein besonderes Anliegen. Ich spreche oft mit meinem Chef über Verbessungspotenziale. ○

### Wenn es um die Zielvereinbarung für mich im nächsten Jahr geht,

a) versuche ich immer, möglichst kleine, leicht erreichbare Ziele durchzusetzen. Schließlich werde ich daran gemessen. ○

b) nehme ich mir – im Nachhinein betrachtet – stets viel zu viel vor. ○

c) setze ich mir hohe, aber realistische Ziele. Meinen Chef bitte ich dann auch immer gleich um Unterstützung. ○

**Kunden**

a) können einen manchmal von den wichtigen Dingen im Job abhalten. ○

b) sind das Wichtigste für meinen Job. Ohne sie gäbe es ihn nicht. ○
Daher versuche ich, alle ihre Wünsche zu erfüllen.

c) sind das Wichtigste für meinen Job. Aber auch ihren Wünschen ○
und Bedürfnissen muss man Grenzen setzen.

**Wenn mir das Unternehmen gehören würde,**

a) würde ich sofort die Sozialleistungen ausweiten: Betriebskinder- ○
gärten, Weihnachtsgeld, Betriebsrente…

b) würde ich rigoros alle Kostensparpotenziale nutzen, um die Wett- ○
bewerbsfähigkeit des Unternehmens auf Dauer zu sichern.

c) würde ich mir zunächst einen umfassenden Überblick über Kosten- ○
sparpotenziale verschaffen und diese dann gegen den damit verbundenen Nutzen abwägen.

# Auswertung

### ÜBERWIEGEND a):

Unternehmerisches Handeln gehört noch nicht zu Ihren Stärken. Daran sollten Sie unbedingt arbeiten. Fragen Sie sich dazu: Was nützt nicht nur mir, sondern auch dem Unternehmen? Wo kann Geld sinnvoll eingespart werden? Wie können Kunden auf Dauer zufriedengestellt werden, ohne dass Ihre Arbeit darunter leidet?

### ÜBERWIEGEND b):

Sie sind auf dem richtigen Weg. Überlegen Sie künftig noch mehr, wie ein Unternehmer sich in der jeweiligen Situation verhalten würde. Was würden Sie an Ihrer eigenen Arbeit ändern, wenn die Firma Ihnen gehörte? Wenn Sie das konsequent durchsetzen, wird man auch gerne bereit sein, Ihnen bei Sonderwünschen entgegenzu-kommen.

### ÜBERWIEGEND c):

Sie handeln wie ein Unternehmer. Ihr Chef hat allen Grund, sich auf Sie zu verlassen. Diese Basis des Ver-trauens ist perfekt, um auch eigene Regeln durchzusetzen.

# Erfahrungsbericht

## Heim-Arbeitsplatz

*Holger arbeitet seit fünf Jahren als Kundenbetreuer für einen Internet-Provider, der Internet-Präsenzen, Domains, Online-Shops und Zahlungssysteme zur Verfügung stellt und verwaltet. In diesen fünf Jahren hat sich die Ausgestaltung von Holgers Job enorm gewandelt. Während er früher immer wieder die gleichen, zum Teil trivialen Kundenanfragen am Telefon beantwortet hat, ist das Unternehmen mehr und mehr dazu übergegangen, die Kundenanfragen über das Webportal direkt zu beantworten. Das geschieht in drei Stufen: Wenn ein Kunde ein Problem hat, wird er über die Website des Unternehmens zunächst zu den FAQ (Frequently Asked Questions) geleitet. Kann er sein Problem anhand dieser Hinweise nicht lösen, besteht die Möglichkeit, das Problem in einer standardisierten Eingabemaske zu schildern und an das Unternehmen weiterzuleiten. Die so eingehenden Fragen werden von Expertensystemen (also ohne Zutun eines Mitarbeiters) beantwortet. Erst wenn der Kunde sein Problem dann immer noch nicht lösen kann, wird ihm eine Call-me-Funktion angeboten. Diese Anfragen landen dann auf Holgers Bildschirm oder dem seiner Kollegen. Das Unternehmen garantiert seinen Kunden einen Rückruf innerhalb der nächsten zwei Stunden. Normalerweise lässt sich das gut bewältigen. Probleme gibt es nur an den Wochenenden und nachts, denn da ist natürlich jeder gern zu Hause. Nur durch einen ausgeklügelten Schichtplan, um den jeden Monat wieder hart gekämpft wird, ist dieser Service aufrechtzuerhalten.*

*Holger macht der Job viel Spaß, vor allem, weil er jetzt nicht nur Standard-Fragen beantworten muss, sondern die wirklich kniffligen Fälle auf den Tisch bekommt, die ihn herausfordern. In regelmäßigen Meetings tauschen sich die Kollegen jeden Montagnachmittag über die neuesten Fälle aus.*

*Als Holger Vater wird, ändert sich seine Situation: Die Tochter ist eine Frühgeburt und braucht besonders viel Pflege, mit der seine Frau schnell überfordert ist. Es wäre eine große Hilfe, wenn Holger von zu Hause aus arbeiten könnte. Deshalb spricht er seinen Chef darauf an und unterbreitet ihm auch gleich ein Konzept, wonach das problemlos möglich wäre. Über seinen Computer könnte man ihm einen Zugang zum Firmen-Server einrichten, an den wöchentlichen Meetings könnte er per Webcam teilnehmen oder ab und zu auch selbst in der Firma erscheinen, und die Telefonate könnten zu ihm nach Hause weitergeleitet werden. Holgers Chef ist einverstanden, befürchtet aber, dass es wegen dieser Sonderbehandlung zu Unzufriedenheit bei den anderen Kundenbetreuern kommen wird. Da zieht Holger seinen Trumpf aus dem Ärmel und bietet an, einen deutlich größeren Anteil an den Nacht- und Wochenendarbeiten zu übernehmen als bisher. Ihm kommt das sogar entgegen, denn so kann er sich mit seiner Frau in der Kinderbetreuung abwechseln. Nun willigt auch der Chef ein, und sogar Holgers Kollegen sind mit dieser Lösung mehr als zufrieden.*

## Es gibt immer mehr als eine Lösung

Würden Sie gern eigene Regeln aufstellen, gehen aber davon aus, dass das in Ihrem Fall nun wirklich nicht funktioniert? Immer wieder sagt man mir, dass es keine Alternativen zu bestehenden Verfahren und also keinen Ausweg aus der Situation gibt. Bisher konnte ich meine Gesprächspartner ausnahmslos davon überzeugen, dass es immer mehr als eine Lösung gibt. Nicht alle möglichen Lösungen würde man auch wirklich verfolgen wollen. Aber es gibt Alternativen. Und wenn man die kennt, fällt es meist nicht mehr so schwer, die optimale Lösung für sich und die übrigen Beteiligten zu finden. Nehmen wir Holgers Beispiel. Statt seinen Job in einen Heimarbeitsplatz umzuwandeln, hätte er auch folgende Alternativen wählen können.

1. Er vereinbart mit seinem Chef, dass er seine Zeit für einen zunächst vorübergehenden Zeitraum absolut flexibel einteilen kann. Wenn Not am Mann ist, kann er kurzfristig nach Hause gehen.

2. Er baut im großen Stil Überstunden ab und nimmt eventuell einen Vorgriff auf künftige Überstunden.

3. Er lässt seinen bestehenden Arbeitsvertrag in einen Halbtagsjob umwandeln.

4. Er nimmt erst einmal unbezahlten Urlaub und wartet ab, wie sich der Gesundheitszustand seiner Tochter entwickelt.

5. Er nimmt zunächst Elternteilzeit und wartet ab, wie sich der Gesundheitszustand seiner Tochter entwickelt.

6. Er mobilisiert Eltern, Schwiegereltern und Freunde, um seine Frau zu entlasten.

7. Er engagiert eine Kinderfrau, um seine Frau zu entlasten.

8. Er sucht sich einen anderen Arbeitgeber, der ihm die Möglichkeit bietet, von zu Hause aus zu arbeiten.

9. Er sucht sich einen anderen Arbeitgeber, der ihm die Möglichkeit bietet, halbtags zu arbeiten.

Sowohl bei der eigentlichen Lösung »Heimarbeitsplatz« als auch bei den Varianten 1 bis 4 ist Holger auf den guten Willen und das Entgegenkommen seines Chefs angewiesen. Nur wenn ein Chef seinem Mitarbeiter vertraut und der sich schon den ein oder anderen Bonus herausgearbeitet hat, wird ein Vorgesetzter zu dieser Variante bereit sein. Die Lösung »Heimarbeitsplatz« ist in diesem Fall die beste, denn sie bietet für alle Beteiligten Vorteile: Holger kann bei seiner Tochter sein und dennoch hundert Prozent Leistung in den Job stecken. Und möglicherweise werden Holgers Kollegen seinem Beispiel bald folgen: Heimarbeitsplätze sind auf dem Vormarsch, gerade im Bereich Internet-, Text- und Grafik-Arbeit, wo auch Meetings auf eine virtuelle Ebene verlegt werden können.

# Auf der Suche nach
## Alternativen

In welchem Bereich Ihres Unternehmens würden Sie gerne eigene Regeln durchsetzen, meinen aber, dass das momentan nicht möglich ist?

_____

_____

**2**

Welche Alternativen könnten Sie anstreben?

1. _____
2. _____
3. _____
4. _____
5. _____
6. _____
7. _____

### Die magische Sieben

Erfahrungsgemäß gibt es nie weniger als sieben alternative Lösungen für ein Problem. Gewöhnen Sie sich an, insbesondere in Situationen, die Ihnen ausweglos erscheinen, mindestens sieben mögliche Wege, das Problem zu beseitigen, aufzulisten. Hören Sie erst dann auf, wenn Ihre Vorschläge absurd werden. Das ist das Zeichen, dass Sie keine der denkbaren Alternativen vergessen haben. Im nächsten Schritt folgen dann Prüfung und Auswahl der praktikabelsten Lösung.

# Werden Sie zum Querdenker

Immer wieder wird es vorkommen, dass man Ihnen in einer bestimmten Arbeitssituation scheinbar nur eine Möglichkeit lässt, zu handeln. Auf die Frage »Wann werden Sie damit fertig sein?« antworten die meisten Menschen mit der Angabe einer Uhrzeit oder eines Wochentages. Auch auf eine Alternativfrage wie: »Kann ich mit dem Ergebnis bereits morgen oder erst übermorgen rechnen?« entgegnen die meisten Menschen »morgen« oder »übermorgen«.

Wie wäre es aber, wenn Sie auf die erste Frage antworten: »Mal sehen *(kurze Denkpause)* – wann brauchen Sie es denn spätestens?« So schaffen Sie sich einen weitaus größeren Zeitraum!

Auf die zweite Frage können Sie zwar genauso reagieren, aber das würde Ihnen vermutlich nicht weiterhelfen, denn offenbar ist »übermorgen« der spätestmögliche Zeitpunkt für die Abgabe. Besser ist es, hier einschränkend zu fragen: »Genügt Ihnen die Rohfassung, oder brauchen Sie die qualitätsgesicherte Version?«.

In der Regel wird der Frager die qualitätsgesicherte Version bevorzugen und es dann klaglos hinnehmen, dass er diese erst übermorgen bekommen kann.

Das ist nur ein erster, zarter Ansatz des Querdenkens. Im Alltag werden Sie auf viele weitere Beispiele treffen. Und: Chefs lieben Querdenker! Denn nur sie bringen das Unternehmen mit Inspiration weiter. Dabei finden Querdenker immer wieder Wege, bei allen Neuerungen auch ihre eigenen Interessen zu verfolgen.

## TIPP

### Freiräume schaffen

→ Üben Sie sich im Querdenken! Machen Sie einen Sport daraus, auf Fragen, die scheinbar nur eine Antwort oder allenfalls noch eine Alternative zulassen, unerwartet zu antworten: nämlich, indem Sie mehr mögliche Alternativen aufzeigen! Stellen Sie beispielsweise eine Gegenfrage oder antworten Sie mit »Ja, das ginge natürlich. Aber wie wäre es mit …«.

## Bewusst
# Querdenken

- Welche Strukturen oder Prozesse in Ihrem Unternehmen, die auch Sie betreffen, sind nicht mehr zeitgemäß?

_____

_____

_____

- Wie könnte das – auch zum Nutzen der Firma – besser geregelt werden?

_____

_____

_____

_____

- Welchen Vorteil würden Sie selbst durch die Veränderung genießen?

_____

_____

_____

_____

- Was hindert Sie, Ihre Vorschläge einzubringen?

_____

_____

_____

# Nur wer Ziele hat,
## kann sie auch erreichen

Bei vielen läuft das Leben eher fremdbestimmt ab, privat wie im Job. Wie ist das bei Ihnen? Wissen Sie, welche Wünsche Sie haben und wie Sie diese mithilfe von klar definierten Zielen und Meilensteinen erreichen können? Anders ausgedrückt: Sitzen Sie auf dem Fahrersitz oder auf der Rückbank des Autos, mit dem Sie durchs Leben fahren?

### Erfahrungsbericht

#### Wer Entgegenkommen möchte, muss etwas bieten

*Eine weltweit tätige Management-Beratung schreibt auf ihrer Website: »Wir suchen Menschen mit Leidenschaft.« Tim ist so ein Mensch. Gleich in unserem ersten Gespräch sagt er mir: »Mein Ziel ist es, nun endlich viel Geld zu verdienen.«*

*Tim ist Mitte 20, hat sein BWL-Studium abgeschlossen und einen Auslandsaufenthalt in Südamerika hinter sich. Jetzt möchte er als Berater zu einer großen Unternehmensberatung gehen.*

*Das Studium hat er zügig abgeschlossen, auch den Auslandsaufenthalt kann er auf seinem Haben-Konto verbuchen. Allerdings liegt seine Abschlussnote nur bei 2,3, und ein zweites Diplom, einen Doktortitel oder einen zusätzlichen MBA-Abschluss (Master of Business Administration) kann er nicht vorweisen, was seine Chancen heutzutage bei großen Management-Beratungen rapide sinken lässt.*

*Ist Tims Traum damit gestorben? Nein, er muss lediglich einen Zwischenschritt einlegen, nämlich bei einem kleineren Beratungshaus erste Erfahrungen sammeln und nebenbei oder später seinen MBA machen. So ge-*

*rüstet hat er auch bei seinem Wunscharbeitgeber gute Chancen. Tim nimmt also seinen ersten Job bei einem recht kleinen, aber auf bestimmte Schwerpunkte spezialisierten Beratungshaus auf.*

*Bereits im Vorstellungsgespräch klärt er, dass sein Arbeitgeber seinen MBA unterstützen wird. Sie besprechen, dass sein neuer Arbeitgeber sich zwar weder an den Kosten beteiligen noch Tim für die Präsenzphasen freistellen kann (dafür muss Tim Überstunden abbummeln oder notfalls seinen Urlaub investieren), sein Chef sagt ihm aber zu, dass man seine diesbezüglichen Interessen bei der Besetzung von Projekten berücksichtigen werde. Allerdings sieht es in der Praxis schnell anders aus: Die Projektleiter finden es unzumutbar, auf Tims Studium und seine Fehlzeiten im Job Rücksicht nehmen zu müssen. Bevor Tim es sich versieht, möchte niemand ihn in seinem Projekt haben. Seine »Extrawurst« erzeugt Unmut.*

Tim baut auf das Entgegenkommen seiner Kollegen, um für seine eigene Zukunft Vorteile zu schöpfen. Nur: Was haben die Projektleiter davon? Um die Situation zu entschärfen, ist es nötig, dass Tim mit etwas Fingerspitzengefühl vorgeht: Er muss eine Win-Win-Situation herstellen, sodass auch die Projektleiter einen Vorteil darin sehen, ihn in seinem Studium zu unterstützen und mit ihm in Zukunft zusammenzuarbeiten.

## Ziele definieren

Dazu ist es wichtig, dass Tim seine eigenen Ziele genau definiert und dass er sich überlegt, welche Ziele die Projektleiter verfolgen. Er stellt sich dazu folgende Fragen:

1. Welche Ziele haben die Projektleiter?
2. Welche Ziele habe ich?
3. Wie kann ich die Ziele der Projektleiter mit meinen eigenen Zielen in Einklang bringen?

**4** Was kann ich den Projektleitern bieten? Wo ist mein USP?

**5** Wie komme ich mit den Projektleitern ins Gespräch?

Tim beantwortet sich die Fragen wie folgt:

**1** Ziel der Projektleiter ist, erfolgreiche Projekte abzuliefern. Für die erfolgreiche Abwicklung müssen sie unter anderem sicher sein, dass ihre Mitarbeiter jederzeit verfügbar sind und sich zu hundert Prozent auf das Projekt einlassen.

**2** Mein Ziel ist es, mein Wissen nutzbringend in die Projekte einzubringen und zu erweitern. Daneben möchte ich mich auf meinen MBA konzentrieren, was Abwesenheitszeiten mit sich bringen wird.

**3** Unsere Ziele ergänzen sich, wenn ich es schaffe, meine Abwesenheitsphasen im Voraus festzulegen. Wenn ich mich an einen fixen Zeitplan halte, den auch die Projektleiter kennen, können sie gut mit mir planen und mich entsprechend einsetzen.

# INFO

## USP (unique selling proposition)

→ USP ist ein Begriff aus dem Marketing. Man versteht darunter das Alleinstellungsmerkmal eines Unternehmens, also das, was dieses Unternehmen allen anderen voraushat. Das kann beispielsweise sein, dass das Unternehmen schneller arbeitet als die Konkurrenz oder die beste Qualität liefert. Bei Arbeitnehmern kann Expertenwissen oder Erfahrungsvorsprung zum USP werden. Dieses Expertenwissen ist allerdings nur so lange ein Alleinstellungsmerkmal, bis sich Nachahmer gefunden haben. Daher geht der Trend zum Generalisten, zu demjenigen also, der mehr Erfahrungsbreite als -tiefe zu bieten hat, der das große Ganze sieht und bei kniffligen Problemen dann den Spezialisten zu Rate zieht.

**④** Das einzige, was ich den Kollegen mit mehr Berufserfahrung voraushabe, sind Feuereifer und meine unverbrauchte Sicht auf die Dinge.

**⑤** Am einfachsten komme ich mit den Projektleitern ins Gespräch, wenn ich sie um Hilfe bitte.

## Den eigenen USP herausstreichen

Tim hat im Rahmen seines MBA-Studiums eine Fallstudie zu lösen. Da sie Ähnlichkeit mit dem Projekt eines seiner Projektleiter hat, spricht Tim ihn an, ob er nicht Lust hätte, mit ihm zu Mittag zu essen. Hier erzählt Tim von der Fallstudie. Der Projektleiter wird neugierig und sieht seine Chance, etwas von seinem reichen Erfahrungsschatz an einen jungen Kollegen weiterzugeben.

Tim hat sich gut vorbereitet: Er hat zu seiner Fallstudie verschiedene Lösungen erarbeitet und bis ins Detail durchdacht. Doch er hält sich im Gespräch zurück; er unterstützt die Begeisterung des Projektleiters, der rasch Parallelen zum eigenen Projekt herstellt, aber mit offenen Fragen: »Könnte man nicht auch so vorgehen, dass …?« oder »Was halten Sie von …?« Der Projektleiter sieht Tims Kompetenz und fragt sich, warum er ihn nicht in seinem Team hat.

## Zweifel zerstreuen

Noch hat der Projektleiter Zweifel, ob ihn Tim neben dem Studium wirklich unterstützen kann. Er spricht das Thema direkt an, indem er Tim nach der zeitlichen Belastung durch sein Studium fragt. Tim erwähnt seinen konkreten Zeitplan, den er exakt einzuhalten gedenkt. Der Projektleiter wartet nicht bis zum nächsten Projekt, sondern holt Tim ins Team, als ein Engpass auftritt. Tim hat in der Zwischenzeit ähnliche Gespräche mit den anderen Projektleitern geführt, und ehe er sich versieht, wollen ihn fast alle in ihren Projekten haben.

# Regel 3:
## Nur wer seine Ziele konkret definiert, kann sie konsequent verfolgen.

Tim hat genaue Vorstellungen über seinen beruflichen Werdegang. Das Fernziel, der Job in der großen Management-Beratung, ist momentan für ihn nicht zu erreichen. Also setzt er sich Zwischenziele: Den Job in der kleinen Unternehmensberatung und sein MBA-Studium. Beides bringt ihn seinem großen Ziel näher. Tim hat sich also seinen ursprünglichen Wunsch, »viel zu verdienen«, in konkrete Etappen eingeteilt. So verankern sie sich auch im Unterbewusstsein.

### Erfahrungsbericht

#### Think positive!

*Thorsten soll in einer Woche eine Präsentation vor Partnern seines Unternehmens halten. Er macht sich Gedanken darüber, wer seine Zuhörer sein werden, was das Ziel der Präsentation ist, welche Inhalte er vermitteln will und wie viel Zeit ihm zur Verfügung steht. Auf diesen Informationen baut er seine Präsentation auf, spricht sie mit seinem Chef ab und ist nun gut gerüstet.*

*Je näher aber der große Tag kommt, desto nervöser wird Thorsten. Irgendwie hat er das ungute Gefühl, dass die Präsentation »in die Hose« gehen könnte. Er sieht seine Zuhörer geradezu vor sich, wie sie ungläubig den Kopf schütteln, während er die Quartalszahlen präsentiert. Dieses Bild lässt ihn nicht mehr los, verfolgt ihn bis in seine Träume und lässt ihn von Tag zu Tag nervöser werden. Als die Präsentation ansteht, betritt er absolut verunsichert die Bühne. Das spüren auch seine Zuhörer und*

*hinterfragen im Anschluss ganz gezielt die Ergebnisse. Thorsten bringt*
*das aus der Fassung, ihm fehlen die richtigen Worte und erst recht die*
*passenden Argumente. Als er das Rednerpult verlässt, muss er sich einge-*
*stehen, dass die Präsentation ein Desaster war.*

## Programmieren Sie sich auf Erfolg

Was ist passiert? Ganz einfach: Thorstens Unterbewusstsein hat sich in den Tagen vor der Präsentation zunehmend auf Misserfolg programmiert, und letztlich wurde dadurch dem tatsächlichen Misserfolg der Weg geebnet.

Aber hätte Thorsten sein Unterbewusstsein auch auf Erfolg programmieren können? Ja, selbstverständlich! Zunächst einmal hätte es dazu einer noch gründlicheren Vorbereitung bedurft. Thorsten hätte sich Gedanken über auftauchende Fragen, mögliche Einwürfe und eventuelle Widerstände machen und die Erkenntnisse daraus in seine Präsentation aufnehmen müssen. Dazu hätte er sich am besten in die Position seiner Zuhörer hineinversetzt. Idealerweise hätte Thorsten sich bereits vorab auch den Vortragsraum ansehen und mit den Gegebenheiten vor Ort vertraut machen sollen.

Dann hätte er genau gewusst, wie groß der Raum ist, wie die Tische angeordnet sind, wo er stehen wird und wo seine Zuhörer sitzen.

Mit diesen Eindrücken hätte er seine Präsentation vor seinem geistigen Auge ablaufen lassen können, und zwar im Detail: Wie er selbst vorgestellt wird und auf die Bühne geht, wie er seine Zuhörer begrüßt, seine Präsentation hält und dabei alle Einwände geschickt auflöst, da er die passenden Argumente ja bereits eingebaut hat, wie sein Chef ihm anerkennend zulächelt, er den Blickkontakt zu den Franchise-Partnern hält, der eine oder andere zustimmend mit dem Kopf nickt und anschließende Fragen wohlwollend formuliert. Und schließlich, wie er unter lautem Applaus die Bühne verlässt.

2

Unser Unterbewusstsein ist sehr komplex und noch längst nicht völlig erforscht. So viel aber steht fest: Das, was wir vor unserem geistigen Auge erscheinen lassen, versucht das Unterbewusstsein für uns zu realisieren. Ich kann Ihnen nicht sagen, wie, aber es funktioniert zuverlässig. Überlegen Sie sich daher gut, welche Bilder Sie vor Ihrem geistigen Auge erscheinen lassen. Sie werden früher oder später wahrscheinlich Realität werden, jedenfalls dann, wenn es sich um sehr konkrete Bilder handelt: Stellen Sie sich zum Beispiel vor, wie Sie mit Ihrem Investment-Banker am Tisch sitzen und Ihr Wertpapier-Portfolio besprechen, oder kreieren Sie ein Bild, in dem Sie mit einem wichtigen Kunden beim Abendessen einen bahnbrechenden Abschluss feiern. Dann kann Ihr Unterbewusstsein daran arbeiten, diese Ziele für Sie zu realisieren.

## Definieren Sie Ihre Ziele klar

Das Unterbewusstsein auf Sieg zu programmieren ist das eine; dazu ist es natürlich notwendig, dass Sie sich zunächst darüber klar werden, was überhaupt Ihre Ziele sind und was Sie gerne erreichen wollen. Die folgenden Fragen können Ihnen dabei helfen. Halten Sie Ihre Gedanken am besten schriftlich fest.

→ Was bedeutet es für Sie, »viel zu verdienen«? Monatlich? Mit Zulagen und Bonuszahlungen? Oder Extras wie einen Dienstwagen?

→ Woran erkennen Sie, dass Sie »erfolgreich« sind? Wenn Ihre Meinung gefragt ist? Wenn öfter ein Headhunter bei Ihnen anruft und Sie abwerben möchte? Oder wenn Sie eine eigene Assistentin haben?

→ Was verstehen Sie unter persönlicher Weiterentwicklung? Fachliches Know-how oder Sprachkenntnisse?

→ Wo wollen Sie in den nächsten zwei Jahren hin? Auf die nächste Stufe der Karriereleiter, in Ihrem Fachgebiet Experte werden, ein zusätzliches Amt anstreben (beispielsweise ehrenamtlicher Richter) oder eine Gehaltserhöhung und auf Ihrem Posten bleiben?

→ Gibt es auf dem Weg dorthin kleinere Ziele, die Sie erreichen möchten? Beispielsweise Ihre Stärken ausbauen, Ihre Akzeptanz im Team erhöhen, in den Förderkreis aufgenommen werden?

# Formulieren Sie Ihre Ziele richtungsweisend

Bringen Sie Ihre Jobziele auf den Punkt. Ein erster Schritt zu »Karriere machen« kann für schüchterne Menschen schon sein, sich in Meetings öfter zu Wort zu melden.

Folgende Punkte können Ihnen helfen, Ihre Ziele so zu formulieren, dass Sie sie auch erreichen. Ihre Ziele sind:

- positiv formuliert,
- reizvoll,
- konkret,
- messbar,
- realistisch, aber dennoch fordernd,
- ökonomisch,
- mit einem Termin versehen,
- aus eigener Kraft erreichbar.

Ein Ziel ist positiv formuliert, wenn es beispielsweise lautet »Ich möchte in die Sachbearbeitung«, anstelle von »Ich möchte nicht mehr im Sekretariat arbeiten«. Oder: »Ich möchte genügend Zeit für Freizeit und Hobbys lassen« anstatt »Ich will nicht mehr so viele Überstunden machen«.

Ihr Ziel sollte für Sie persönlich reizvoll sein, damit Sie auch wirklich am Ball bleiben. Fragen Sie sich: Wäre es nur »nett«, dieses Ziel zu erreichen, oder ist es ein Herzenswunsch?

Mit der Frage »Was, wo oder wie genau?« konkretisieren Sie Ihr Ziel. Wo genau wollen Sie in der Sachbearbeitung arbeiten? Aha, in der Schadensbearbeitung!

Messbar bedeutet, dass es überprüfbar sein muss, ob Sie Ihr Ziel erreicht haben. »Genügend Freizeit« wäre zum Beispiel nicht messbar. Für den einen ist eine Stunde Freizeit am Abend ausreichend, der andere braucht mindestens fünf Stunden.

Ziele sollten erreichbar und somit realistisch, gleichzeitig aber auch fordernd, also ehrgeizig sein, damit Sie dranbleiben. Denken Sie an einen Muskel, der gefordert werden will. Nicht nur ein kleines bisschen, es darf aber nicht in einer Muskelzerrung enden. Diese Gefahr ist jedoch eher gering, denn Tatsache ist, dass die meisten Menschen sich zu kleine Ziele setzen. »Der umsatzstärkste Mitarbeiter« würde beispielsweise die Forderung nach einem ehrgeizigen Ziel erfüllen.

Ein ökologisches Ziel richtet sich an einer Art Kosten-Nutzen-Rechnung aus. Um ein Ziel zu erreichen, müssen Sie einen bestimmten Einsatz an Zeit, Energie und eventuell Geld leisten. Das gilt es gegen den positiven Effekt der Zielerreichung aufzuwiegen.

Bestimmt werden Sie, wenn Sie beharrlich genug sind, irgendwann Ihr Ziel erreicht haben. Aber genügt es Ihnen, wenn das kurz vor der Rente passiert? Sicher nicht. Setzen Sie sich also einen realistischen Termin. Gehen Sie hierbei lieber etwas konservativ als allzu euphorisch vor. Es nützt Ihnen nichts, wenn Sie sich vorgenommen haben, bis Ende des Jahres den Gruppenleiter-Posten zu haben, wenn das nur unter allzu sportlichen Bedingungen realisierbar ist.

Wenn es um Ihre eigenen Ziele geht, können Sie sich schwer mit anderen vergleichen. Daher sollten Sie sicherstellen, dass Sie Ihr Ziel aus eigener Kraft erreichen können. Vielleicht hilft Ihnen Ihr Vorgesetzter, sicher Ihr Mentor, wenn Sie einen haben. Verlassen Sie sich ansonsten vor allem auf Ihr Know-how.

Ein unter obigen Vorgaben wohlformuliertes Ziel könnte also lauten:

Bis Ende nächsten Jahres will ich meine Spanisch-Kenntnisse so weit ausgebaut haben, dass ich in der Lage bin, Vertragsverhandlungen auf Spanisch zu führen.

## Planen Sie Einzelschritte

Welches Fachwissen und welche persönliche Kompetenz brauchen Sie, um Ihr Ziel zu erreichen und Ihre neue Aufgabe erledigen zu können? Wie lange wird der Weg dorthin ungefähr dauern?

Unterteilen Sie diesen Weg in kleine Etappen. Das spornt an und bringt kleine Erfolgserlebnisse. Freuen Sie sich über jeden Schritt, der Ihnen gelungen ist! Stellen Sie sich ein kleines Bonusprogramm zusammen:

Gehaltsverhandlungen mit dem Chef erfolgreich geführt – ein schönes Abendessen im Restaurant. Fachliches Weiterbildungsseminar absolviert – ein Wochenende die Füße hochlegen. Eine Zusage zum Bewerbungsgespräch für eine höhere Position – da ist eine neue Frisur drin. Genießen Sie Ihre Erfolge, denn nicht nur die angepeilte Aufgabe ist das Ziel, sondern jeder Schritt dorthin gehört schon dazu. Und leider auch der eine oder andere Misserfolg. Lassen Sie sich davon nicht verschrecken, sondern sehen Sie Misserfolge als Wegweiser für den Erfolg. Ähnlich wie bei einem Labyrinth, in dem jeder falsche Weg Sie letztlich zum richtigen Weg führen wird. So haben auch Absagen bei Bewerbungen ihr Gutes: Analysieren Sie, was falsch gelaufen ist. Dann ziehen Sie die Konsequenzen für das nächste Mal. Vielleicht haben Sie auch alles richtig gemacht, und es war einfach jemand noch besser als Sie. Es gibt auch für Sie den passenden Job! Versuchen Sie, jede Absage als Wegweiser zu Ihrem neuen Job zu sehen.

# Jobziel
# Gehaltserhöhung:
## In fünf Schritten zum Erfolg

Aktiv auf eine Gehaltserhöhung hinzuarbeiten ist eines der Ziele, das die meisten früher oder später angehen. Bestimmt ist es für viele nur ein Etappenziel, aber es eignet sich gut, um zu lernen, wie man Wünsche verfolgt und umsetzt. Wie bei langfristigen Zielen gilt auch hier: Schaffen Sie kleinere Etappen. Leisten Sie die nötige Vorarbeit. Beweisen Sie Ihrem Chef, dass Sie wirklich mehr Geld verdienen!

## Grundlagen schaffen

Wie kommen Gehaltserhöhungen in Ihrer Firma zustande? Denkbar ist, dass …

→ Sie selbst beim Vorgesetzten darum bitten müssen. Warten Sie nicht darauf, dass jemand bemerkt, dass Sie bereits seit Jahren auf mehr Geld warten. Wahrscheinlich wird das zwar registriert, aber man denkt: »Solange er oder sie nicht fragt, können wir uns das Geld sparen. Offensichtlich ist er oder sie ja zufrieden mit dem, was wir bezahlen«.

→ die Gehaltserhöhungen an ein systematisches Beurteilungsverfahren geknüpft ist. Geben Sie sich also bei der Selbsteinschätzung im Beurteilungsgespräch ruhig ein wenig selbstbewusst. Die Erfahrung zeigt, dass vor allem Frauen dazu neigen, sich selbst zu kritisch zu beurteilen. Das kann einen echten finanziellen Verlust bedeuten!

→ jedem Ressortleiter oder Abteilungsleiter pro Jahr ein bestimmtes Budget für Gehaltserhöhungen an seine Mitarbeiter zur Verfügung gestellt wird. Es ist also wichtig, dass Ihr Vorgesetzter weiß, was Sie für die Firma leisten – und dass Sie durchaus Ihren Marktwert kennen.

# Positive
## Grundlagen schaffen

2

☀ Nutzen Sie die Kriterien für richtungweisende Ziele: Formulieren Sie Ihr Ziel Gehaltserhöhung positiv, reizvoll, konkret, messbar, realistisch, aber dennoch fordernd, ökologisch und mit einem Termin versehen.

_____

_____

_____

_____

_____

☀ Mit welchen Zugeständnissen müssen Sie rechnen? Was können Sie von Ihrer Seite aus als Gegenleistung für mehr Geld anbieten?

_____

_____

_____

_____

_____

☀ Lassen Sie zum Abschluss ein Bild vor Ihrem geistigen Auge erscheinen, wie Ihr Chef Ihrer Forderung nach einer positiv verlaufenden Verhandlung zustimmt und Sie zusammen mit Freunden feiern. Spüren Sie dem Gefühl nach, fest davon überzeugt zu sein, die Gehaltserhöhung zu bekommen.

# Schritt 1: Geben Sie Ihr Bestes

Wer mehr verdienen will als andere, muss auch mehr leisten. Also geben Sie Ihr Bestes. Ungut ist es, zunächst einmal mehr Gehalt zu fordern und erst dann bereit zu sein, mehr Leistung zu bringen. Arbeitgeber gehen ungern in Vorleistung.

Der Vergleich mit der Leistung Ihrer Kollegen in der gleichen Position ist dabei interessant: Wenn Sie so viel bringen wie Ihre Kollegen, dann verdienen Sie auch zu Recht genauso viel. Wenn Sie mehr verdienen möchten, müssen Sie auch mehr leisten. Überlegen Sie, in welchen Bereichen das sein könnte, welche besonderen Fähigkeiten Sie haben oder ob Sie sich beispielsweise im Gegensatz zu Ihren Kollegen als Mentor engagieren. Weisen Sie auf diese Pluspunkte im Gehaltsgespräch unbedingt hin, aber besser ohne sich mit Ihren Kollegen zu vergleichen. Das kann Ihr Chef selbst tun.

# Schritt 2: Sammeln Sie Informationen

Gute Vorbereitung ist das A und O einer Gehaltsverhandlung: Beschaffen Sie sich die richtigen Informationen.

### Suchen Sie sich einen Vergleichs-Mitarbeiter

So haben Sie die Möglichkeit, seine und Ihre Leistung und Bezahlung direkt in ein Verhältnis zu setzen. Fragen Sie sich Folgendes:

→ Wie lange ist derjenige bereits im Unternehmen? Und Sie?
→ Wie verlief sein Karriereweg? Und Ihrer im Vergleich dazu?

### Wer verdient wie viel?

Interessant ist auch, wer wie viel Geld für welche Leistung erhält. Folgende Tricks können direktes Nachfragen vermeiden:

→ Wer ist privat versichert? Diese Person verdient nämlich über der Versicherungspflichtgrenze der Krankenversicherung. (Angaben über die jeweils gültigen Grenzen finden Sie im Internet. Auch die Krankenkassen geben hierzu Auskunft).

→ Wie sieht es aus mit Sonderzahlungen? Kann es sein, dass Kollegen, die schon länger im Unternehmen arbeiten, noch mit besseren Sozialleistungen eingestellt wurden?

→ Haben alle die gleiche Wochenarbeitszeit?

→ Bekommen wirklich alle ihre Überstunden vergütet oder nur die unteren Karrierestufen?

→ Welche weiteren geldwerten Vergünstigungen gibt es: Firmenwagen, Mobiltelefon, Laptop, Unfallversicherung, zusätzliche Altersvorsorge, Zuschuss zu Krankheitskosten, regelmäßiger medizinischer Check-up, höhere Reisekostensätze, attraktivere Mietwagen-Regelung, Homeoffice-Arbeitsplatz, Erstattung der Internet-Flatrate?

## Wer punktet mit Qualifikationen?

Wichtig zu wissen ist auch, wer welche Ausbildung oder Zusatzqualifikation vorzuweisen hat.

→ Wem zahlt die Firma den Meisterlehrgang oder das MBA-Programm?

→ Wer darf zur jährlichen Fortbildung, wem werden Seminare zu Rhetorik und Mitarbeiterführung bezuschusst?

→ Wem wird ein Fernstudium finanziert?

→ Wer hat Personalverantwortung für wie viele Mitarbeiter? Und wie erfolgreich sind wiederum die geführten Mitarbeiter?

Wenn Sie all diese Informationen ausgewertet haben, kommen Sie am Ende zur magischen Zahl der Gehaltserhöhung, die Ihnen vorschwebt. Da dieser Betrag am Ende der Verhandlungen mit Ihrem Chef stehen soll, ist es sinnvoll, die Zahl vorher ein wenig nach oben anzupassen, um etwa 15 bis 20 Prozent. Denn auch Ihr Vorgesetzter will einen Verhandlungserfolg erzielen.

## Schritt 3: Arbeiten Sie Ihre Argumente aus

Ihr Vergleichs-Kollege in der Buchhaltung verdient, wie Sie nach den ersten Schritten möglicherweise herausgefunden haben, also in etwa so viel wie Sie. Aber Sie leisten mehr. Jedenfalls sollten Sie das, wenn Sie eine Gehaltserhöhung möchten.

Und deswegen wollen Sie berechtigterweise auch mehr verdienen. Dieses Argument ist aber noch nicht dafür geeignet, es Ihrem Chef in der Verhandlung vorzusetzen. Vielleicht hat er gute Gründe, Ihrem Kollegen das gleiche Gehalt wie Ihnen zu zahlen.

Im Gespräch mit Ihrem Chef ist es klüger, sich mit einer Gruppe (beispielsweise den anderen Finanzbuchhaltern) zu vergleichen, besser nicht mit einer einzelnen Person. Gegenüber einer Gruppe gelingt es Ihnen auch leichter, sich von der Masse abzuheben und Ihre persönlichen Besonderheiten herauszustreichen.

### Betonen Sie Ihr Engagement

Sie haben im vergangenen Jahr zusätzliche Verantwortung übernommen oder ein Projekt zur Zufriedenheit aller abgeschlossen? Ein neuer Mitarbeiter ist im Unternehmen, der Ihrer Verantwortung untersteht? Sammeln Sie Punkte, die Ihr Engagement und Ihre besondere Leistung im Unternehmen zeigen:

→ Was macht Sie zu einem außergewöhnlichen Mitarbeiter?
→ Welche Erfolge der vergangenen Monate können Sie vorweisen?
→ In welchem Bereich haben Sie sich besonders engagiert?
→ Wie genau wollen Sie also die Gehaltserhöhung begründen?

Ihr Privatleben ist dabei als Argument tabu: Auch wenn Sie das Gehalt für Ihre neue Wohnung, den Familienzuwachs oder eine Reise verwenden – Sie bekommen es allein für Ihre beruflichen Leistungen.

# Schritt 4: Bereiten Sie das Gehaltsgespräch vor

Jetzt ist es Zeit, Ihren Chef um einen Gesprächstermin zu bitten. Sagen Sie ehrlich, worüber Sie sprechen möchten, dann kann auch er sich vorbereiten. Verpacken Sie das Thema geschickt: »Ich möchte über meine aktuelle und zukünftige Situation im Unternehmen sprechen« klingt weniger plump als »Ich will mehr Geld«.

Das eröffnet auch Ihrem Chef die Möglichkeit, in diesem Rahmen über mögliche andere Themen, wie beispielsweise Beförderung, Versetzung oder Übernahme von Personalverantwortung zu sprechen. Sie selbst sollten sich zu diesen Themen ebenfalls Gedanken machen, ohne sie von sich aus zu thematisieren. Ihr Ziel ist und bleibt die Gehaltserhöhung. Wenn Ihr Chef daran Bedingungen knüpfen will, ist das eine neue Ausgangslage. Machen Sie sich auch vorher über mögliche Einwände oder Gegenforderungen Gedanken. Denn die wenigsten Chefs werden Ihren Gehaltswunsch sofort annehmen, sondern mit Ihnen verhandeln: »Warum denken Sie, dass Sie mehr Geld verdienen?« Hier haben Sie ja bereits Argumente ausgearbeitet. Aber auch die Frage nach einem Angebot von Ihrer Seite – »Was sind Sie bereit, dafür mehr zu leisten?« – kann hier auftauchen. Legen Sie sich dafür etwas zurecht: Vielleicht gelingt es Ihnen, sich »schweren Herzens« zum Besuch des Meisterkurses »durchzuringen«, den Sie ohnehin im Visier hatten. Ihr Chef muss ja nicht wissen, dass das für Sie kein echtes Zugeständnis ist, sondern dass er Ihnen damit eine Freude macht. Für mehr Geld sehen viele Vorgesetzte es auch gerne, wenn Mitarbeiter im Gegenzug mehr Verantwortung übernehmen. Dazu sollten Sie bereit sein.

Versetzen Sie sich vor dem Gespräch auch in die Lage Ihres Chefs: Welche Gegenargumente könnte er bringen? Schließlich muss auch er sich an sein Budget halten. Folgende Übung kann Ihnen helfen, sich auf die häufigsten Contra-Punkte zur Gehaltserhöhung vorzubereiten.

2

# ÜBUNG

## Gegenargumente »Gehaltserhöhung« entkräften

Ihr Chef sagt: »Wir haben dafür im Moment kein Budget.«

Sie antworten: _____

(Tipp: Wann haben Sie zuletzt eine Gehaltserhöhung bekommen?

Geht es dem Unternehmen seither schlechter? Fragen Sie

nach: Was genau bedeutet »im Moment?«)

Ihr Chef sagt: »Da müssen Sie aber erstmal bessere Leistungen bringen.«

Sie antworten: _____

(Tipp: Sie wissen, wo Ihre Stärken liegen. Jetzt ist der Zeitpunkt,

diese noch einmal zu benennen.)

Ihr Chef sagt: »Sie verdienen genauso viel wie Ihre Kollegen.

Ich kann Sie nicht bevorzugen.«

Sie antworten: _____

(Tipp: Sie wollen keine Bevorzugung, sondern eine leistungsgerechte

Bezahlung. Und die ist nun einmal per se individuell.)

»Im Moment ist das ganz schlecht. Sie wissen doch, dass wir im nächsten Jahr

umstrukturieren werden.«

Sie antworten: _____

(Tipp: Fragen Sie nach, was das eine mit dem anderen zu tun hat.

Zeigen Sie sich bereit, nach der Umstrukturierung mehr Verantwortung

zu übernehmen.)

# Schritt 5: Die Gehaltsverhandlung

Damit Sie eine Vorstellung haben, wie der Einstieg in eine gelungene Gehaltsverhandlung ablaufen könnte, hier ein Beispiel zwischen Vorgesetztem (V) und Mitarbeiter (M):

M: (klopft an und betritt das Büro von V): Guten Morgen, Herr V. Darf ich Sie stören?

V: Guten Morgen, Herr M. Sie stören mich nicht. Wir haben ja einen Termin. Bitte nehmen Sie Platz. Möchten Sie auch einen Kaffee?

M: Vielen Dank, gern. Das ist ja eine schöne Skulptur da auf Ihrem Schreibtisch.

V: Ja, die habe ich letzten Monat beim Bereichsleitertreffen gewonnen. Wir waren abends noch auf einer Kart-Bahn, und ich habe alle hinter mir gelassen.

M: (lachend): Das kann ich mir vorstellen. Wo war denn die Kart-Bahn?

*TIPP: So geht es nun noch einige Minuten weiter, man lacht und fachsimpelt über schnelle Autos. Und das ist gut so! Es schafft eine angenehme Gesprächs-Atmosphäre, die für den weiteren Verlauf wichtig ist. Fallen Sie besser nicht mit der Tür ins Haus, sondern sprechen Sie zunächst über etwas Unverbindliches. Schließlich leitet V. zum eigentlichen Thema über:*

V: Aber das ist bestimmt nicht der Grund, warum Sie zu mir gekommen sind. Frau S. sagte, Sie möchten mit mir über Ihre Zukunft sprechen?

M: Richtig. Genau genommen geht es mir daneben aber auch um die aktuelle Situation.

V: Was genau meinen Sie?

M: Sie können Sie ja sicher noch an unsere Software-Einführung Ende letzten Jahres erinnern.

## TIPP

### Gesprächstraining

→ Überlegen Sie sich auf alle möglichen Gegenargumente fundierte Antworten. Wie Sie die am besten rüberbringen, lässt sich gut in einem Rollenspiel üben, beispielsweise mit Ihrem Partner.

V: Ja, das war ein Stress! Aber letztlich hat ja alles gut geklappt.

M: Genau, das sehe ich auch so. Und ich persönlich habe in dieser Zeit auch vieles dazugelernt. Mir hat das richtig Spaß gemacht.

*TIPP: Jetzt sollte der Vorgesetzte idealerweise seinen Mitarbeiter für dessen Einsatz im Rahmen des Projektes loben. Herr V. geht allerdings nicht weiter darauf ein, daher fügt Herr M. hinzu:*

M: Ich denke, dass wir uns mit den externen Beratern sehr gut ergänzt haben: Sie kannten die Software in- und auswendig, während wir am besten wussten, welche unternehmensspezifischen Prozesse Berücksichtigung finden mussten. So lag ja meine Hauptaufgabe in der Erstellung der Prozessdokumentation, und ich denke, dass ich das auch sehr gut hinbekommen habe. Ich habe in dieser Zeit eine Menge Überstunden gemacht, aber ich wusste ja auch, wofür.

*TIPP: Der Mitarbeiter hat geschickt von der Leistung des Teams auf seine eigene Leistung übergeleitet. Spätestens jetzt wird sein Vorgesetzter ihm zustimmen:*

V: Ja, richtig, ohne den Einsatz des Teams und natürlich auch ohne Ihr Engagement wären wir wohl heute noch nicht fertig.

M: Danke. Aber wie gesagt: Mir hat das wirklich Spaß gemacht, und ich habe eine Menge dazugelernt. Auch sonst bin ich ja einer der ersten, der sich für Sonderaufgaben zu Verfügung stellt. Ich finde es auch toll, dass Sie mich dabei immer wieder berücksichtigen. Allerdings – *(kleine Pause)* ich denke, dass mein Engagement sich nicht in meinem Gehalt widerspiegelt.

V: Wie meinen Sie das?

M: Im Vergleich zum Team unterscheidet sich mein Einsatz doch deutlich. Wenn es um neue Projekte geht, bin ich immer dabei, ich hatte zum Beispiel die Idee mit der Neugestaltung des Einkaufsprozesses. Momentan bekomme ich genauso viel wie meine Kollegen; ich denke aber, dass mein besonderer Einsatz auch eine besondere Vergütung rechtfertigt. Daher möchte ich um eine Gehaltserhöhung bitten.

*(Sofort hinterher:)* 300 Euro fände
ich angemessen.

*TIPP: Wichtig ist, dass der Mitarbeiter
seine Vorstellungen zuerst äußert.
Denn über diesen Betrag wird im Folgenden verhandelt. Hätte er den letzten Satz weggelassen und der Chef
beispielsweise geantwortet »Ja, da
haben Sie Recht. Ich werde die Buchhaltung anweisen, Ihnen künftig
50 Euro mehr zu zahlen«, hätte von
diesem Betrag nur noch schwer abge-
wichen werden können. Nachdem der
Mitarbeiter seinen Wunschbetrag genannt hat, ist der Chef am Zug. Der
überlegt einen Moment und antwor-
tet dann:*

### Nur nicht nervös werden!

→ Wenn Sie sich gut vorbereitet und auch auf mögliche Gegenargumente überzeugende Antworten parat haben, stehen die Chancen gut, dass das Gespräch positiv verläuft und Sie Ihre Gehaltserhöhung bekommen. Gegen mögliche Nervosität hilft es, sich auf seinen Körper zu konzentrieren und bewusst tief und gleichmäßig zu atmen. Auch ein Glas Wasser zu trinken kann ein wenig entspannen.

2

V: Hm, 300 Euro sind ganz schön viel. Wie viel verdienen Sie denn jetzt?
*TIPP: An diesem Punkt beginnt die eigentlich Verhandlung.*

### Nach dem Gespräch ist vor dem Gespräch

Sie haben es also geschafft und die Gehaltserhöhung durchgesetzt. Halten Sie sich jetzt strikt an die getroffenen Abmachungen! Nichts würde Ihren Vorgesetzten mehr enttäuschen, als feststellen zu müssen, dass es Ihnen nur ums Geld ging. Denken Sie daran: Das Geld bekommen Sie als Gegenleistung für Ihre Arbeit. Nun müssen Sie Ihrem Chef beweisen, dass er mit der Zusage der Gehaltserhöhung die richtige Entscheidung getroffen hat und sich auf Sie und Ihr Versprechen, mehr zu leisten, verlassen kann. Legen Sie sich also richtig ins Zeug und beginnen Sie wieder bei Schritt 1, bis zum nächsten Gehaltsgespräch.

# Emotional intelligent handeln

## und sichtbar werden

→ Im Team punktet, wer über emotionale Intelligenz verfügt, wer also die Gedanken und Bedürfnisse seines Gegenübers richtig deuten und darauf angemessen reagieren kann. Das ist der erste Schritt, um sich aus der Masse abzuheben. Trotzdem kennt Sie der oberste Boss Ihres Unternehmens noch nicht? Wie werden Sie sichtbar, wie machen Sie sich unentbehrlich?

# Soziale Kompetenz
## und emotionale Intelligenz

Im Arbeitsalltag meint soziale Kompetenz die Fähigkeit, das Verhalten und die Einstellung von Mitarbeitern positiv zu beeinflussen.

Emotionale Intelligenz geht deutlich weiter: Man versteht darunter Persönlichkeitseigenschaften und Fähigkeiten, die den Umgang mit eigenen und fremden Gefühlen betreffen. Idealerweise werden diese Fähigkeiten im Sinne einer Win-Win-Situation zum Wohle aller Beteiligten eingesetzt.

Den Begriff »emotionale Intelligenz« hat der Psychologe Daniel Goleman geprägt, und er meint damit folgende Eigenschaften:

→ Selbstbewusstheit: die Fähigkeit, seine eigenen Stimmungen, Gefühle und Bedürfnisse zu akzeptieren und zu verstehen sowie die Fähigkeit, deren Wirkung auf andere einzuschätzen.

→ Selbstmotivation: Begeisterungsfähigkeit für die Arbeit, sich selbst unabhängig von finanziellen Anreizen oder Status motivieren zu können.

→ Selbststeuerung: planvolles Handeln in Bezug auf Ressourcen wie Zeit.

→ Soziale Kompetenz: die Fähigkeit, Kontakte zu knüpfen und tragfähige Beziehungen aufzubauen und zu erhalten, gutes Beziehungsmanagement, Netzwerkpflege.

→ Empathie: die Fähigkeit, emotionale Befindlichkeiten anderer Menschen zu verstehen und angemessen darauf zu reagieren.

Einige Menschen sind von vornherein oder durch ihre Erziehung mit viel Fingerspitzengefühl ausgestattet. Aber auch, wenn hier bisher nicht Ihre Stärken lagen, kann man die eigene soziale und emotionale Intelligenz ausbauen!

3

# Wie hoch ist Ihr emotionaler
# Intelligenzfaktor?

→ Bitte entscheiden Sie, welche Aussagen am ehesten auf Sie zutreffen:

### 1) Mein Job

a) ist einfach klasse. Ich gehe gern zur Arbeit. ○

b) ist recht abwechslungsreich und selten langweilig. ○

c) ist nicht mein Traumjob. Aber den kriege ich noch! ○

### 2) Wenn ich ein besonderes Anliegen habe,

a) gehe ich immer gleich zu meinem Vorgesetzten. ○

b) warte ich einen »günstigen Moment« ab, bevor ich zum Chef gehe. ○

c) überlege ich zuerst, wie ich das dem Chef am besten verkaufe. ○

### 3) Mit meinen Kolleginnen und Kollegen

a) komme ich sehr gut zurecht. Wir gehen auch öfter nach Büroschluss noch zusammen weg. ○

b) komme ich ganz gut aus. Manchmal sind sie aber auch richtige Zicken. ○

c) spreche ich nicht über private Dinge. Das geht sie nichts an. ○

### 4) Ich wünsche mir, dass mein Chef

a) endlich erkennt, dass ich unterbezahlt bin. Sonst kündige ich. ○

b) mir bald mehr Verantwortung überträgt. Ich bin bereit dafür. ○

c) meine Leistungen anerkennt. Obwohl ich meine Arbeit gut mache, bekomme ich mehr Tadel als Lob. ○

### 5) Wenn mal etwas schiefgegangen ist, dann

a) ärgere ich mich manchmal tagelang. ○

b) bin ich zunächst etwas verärgert, abends ist es aber schon vergessen. ○

c) ist es, wie es ist. Jeder macht mal Fehler. Ich versuche, daraus für das nächste Mal zu lernen. ○

### 6) In der Woche

a) gehe ich regelmäßig zweimal zum Sport. ○

b) schaffe ich neben der Arbeit eigentlich kaum etwas. ○

c) habe ich zumindest einen Abend für mich ganz allein reserviert. ○

### 7) Neue Kontakte

a) zu knüpfen fällt mir leicht. ○

b) kosten viel Zeit, bringen aber auch immer wieder neue Impulse. ○

c) brauche ich nicht. Mein Freundeskreis ist groß genug. ○

## Auswertung

| Frage/Punkte | a | b | c |
|:---:|:---:|:---:|:---:|
| 1 | 2 | 1 | 0 |
| 2 | 0 | 1 | 2 |
| 3 | 2 | 1 | 0 |
| 4 | 0 | 2 | 1 |
| 5 | 0 | 1 | 2 |
| 6 | 2 | 0 | 1 |
| 7 | 2 | 1 | 0 |
| Summe: | | | |

### 0–5 PUNKTE

Mit einer Portion emotionaler Intelligenz würden Sie sich das Leben leichter machen. Wie, erfahren Sie auf den folgenden Seiten.

### 6–11 PUNKTE

Sie sind auf dem richtigen Weg. Schauen Sie anhand der Punktevergabe, welcher Bereich genau bei Ihnen noch ausgebaut werden kann, und arbeiten Sie gezielt daran, auch mithilfe dieses Ratgebers.

### 12–14 PUNKTE

Glückwunsch! In diesem Bereich sind Sie fit!

## Erfahrungsbericht

### Vorsicht, Falle!

*Ute, im Rechnungswesen einer Bank beschäftigt,*
*ärgert sich über ihren Kollegen Marcus: Seit seiner*
*Einstellung ist er überlastet, seine unerledigten Ar-*
*beiten werden von Gruppenleiter Ralf immer wieder*
*auf die übrigen Mitarbeiter verteilt. Ralf ist nicht in der Lage, Marcus*
*direkt zu fragen, woran es liegt oder wie man ihm helfen könne, bei-*
*spielsweise durch gründlichere Einarbeitung oder ein Zeitmanagement-*
*seminar. Aber Ralf hat eine Führungsschwäche und traut sich nicht, das*
*Notwendige zu tun: Lieber verteilt er die unerledigten Arbeit auf die an-*
*deren Mitarbeiter.*

*In Utes jährlichem Beurteilungsgespräch kommt die Sache zur Sprache: Ralf*
*lobt Ute für ihre Arbeit und zeigt sich begeistert, dass sie ohne zu Murren*
*auch Arbeiten von Marcus übernimmt. Schließlich sei Marcus ja bereits*
*außerhalb der Probezeit und man könne sich nun nicht mehr ohne wei-*
*teres von ihm trennen. Man müsse eben mit diesem schwachen Mitarbei-*
*ter leben. Weil das Gespräch sehr offen verläuft, fühlt Ute sich ermutigt*
*zu erwidern, dass Ralf bereits in Marcus' Probezeit die Reißleine hätte*
*ziehen müssen. Nun sei es wohl in der Tat zu spät. Und sie fügt zu allem*
*Überfluss hinzu: »Schon damals haben Sie einen Fehler gemacht.«*

## Verdeckt coachen

Ein Zeichen mangelnder emotionaler Intelligenz ist es, seinem Vorgesetzten einen Fehler vorzuhalten. Schon gar nicht ungefragt! Er wird
Sie spüren lassen, dass Sie eine unsichtbare Grenze überschritten
haben. Um seine Autorität zu wahren oder wiederherzustellen, wird er
Sie im Folgenden deutlich in Ihre Schranken weisen müssen.

Sie helfen keinem Vorgesetzten, indem Sie ihn auf seine Fehler hinweisen. Wenn Sie ihm wirklich helfen wollen – und damit sich selbst –, dann wählen Sie einen geschickteren Weg: Stellen Sie Fragen und sprechen Sie dabei von »wir«.

Wenn Ute zum Beispiel gefragt hätte: »Was können wir aus dieser Situation für zukünftige neue Mitarbeiter lernen?«, hätte Ralf antworten können: »Wir sollten sie uns in der Probezeit ganz genau ansehen und notfalls rechtzeitig die Reißleine ziehen.«

Er wird auch mit »wir« antworten, denn so liegt die Verantwortung vermeintlich auf dem gesamten Team. Er kann damit das Gesicht wahren. Nebenbei lernt er, wie er sich beim nächsten Mal verhalten kann. Ute hätte so unbemerkt als sein Coach fungiert. Das meint emotionale Intelligenz unter anderem: andere nicht vor den Kopf zu stoßen, sondern zum Vorteil aller das Problem zu lösen, indem auch die Gefühle des Gegenübers berücksichtigt werden.

## Aus schwierigen Situationen lernen

Wie Ute aus dem Erfahrungsbericht (→ S. 78) geht es vielen: Oft ohne böse Absicht rutscht uns etwas Unüberlegtes oder Verletzendes heraus, und erst, wenn es passiert ist, wird es uns bewusst. So mancher Zoff mit Kollegen oder dem Chef ließe sich vermeiden, wenn man sich in der Situation über seine eigenen Gefühle und Wünsche und die des anderen bewusst würde – denn auf dieser Grundlage können wir am ehesten eine Lösung finden, die beiden Partnern gerecht wird.

→ Wann hatten Sie zuletzt eine schwierige Situation im Umgang mit Ihrem Chef oder einem Kollegen? Worum ging es dabei?

→ Rufen Sie sich die Situation in Erinnerung: Wie hätte ein Beobachter das Ganze gesehen? Haben Sie sich angemessen verhalten? Zum Bei-

spiel, indem Sie mit ruhiger Stimme gesprochen haben, ehrliche Be-
troffenheit und den Wunsch nach einer Lösung geäußert haben.

→ Was würde der neutrale Beobachter zum Verhalten Ihres Gegenübers
sagen? Wie sah es hier mit Stimmlage, Gefühlsäußerungen und dem
Wunsch nach einer positiven Lösung aus?

→ Wissen Sie, was der andere sich in diesem Moment von Ihnen gewünscht hat? Wollte er Ihre Anerkennung oder Ihr Mitleid?

→ Und was wollten Sie selbst? Was haben Sie sich von Ihrem Gegenüber
gewünscht? Seine Anerkennung oder sein Vertrauen? Oder etwas ganz
anderes? Wenn wir uns über unsere eigenen Wünsche und Gefühle
und die unseres Gegenübers klar sind, dann sind wir auch fähig,
unsere Handlungen danach auszurichten.

→ Wie hätten Sie die Erfüllung dieser positiven Absicht erreichen können? Es gibt für jede Situation immer mehr als eine Lösung. Listen Sie
hier drei Handlungsalternativen auf.
1. _____
2. _____
3. _____

→ Was hätten Sie damals – im Sinne einer Win-Win-Situation – besser
machen können? Hätte es eine gute Lösung für beide gegeben? Wie
würden Sie sich heute, mit etwas Abstand, verhalten?

## Klartext: Wie Sie die Aussagen Ihres Chefs richtig deuten

| Was er sagt | Was er meint |
| --- | --- |
| Sie haben noch sehr viel Entwicklungspotenzial. | Ich bin mit Ihrer Leistung unzufrieden, gebe Ihnen aber eine weitere Chance. |
| Bitte verfolgen Sie die Sache weiter, und nehmen Sie mich beim Mailverkehr ins CC. | Ich traue Ihnen das durchaus zu. Kontrolle ist aber besser. |
| Unterschreiben Sie bitte in meinem Namen. | Ich weiß, dass ich mich auf Sie verlassen kann. |
| Schauen Sie bitte noch einmal auf Herrn Meyers Briefentwurf, bevor er in die Post geht. | Ich habe nicht das Gefühl, mich auf ihn verlassen zu können. |
| Sie haben den Blick fürs Wesentliche. | Ich mag es, wie Sie schwierige Aufgaben lösen. |
| Frau Müller geht sehr selbstbewusst an die Aufgaben heran. (Mit leicht düsterem Unterton) | Die Frau überschätzt sich total. |
| Ich habe die ganze Nacht an dem Konzept gefeilt. | Loben Sie mich! |
| Das muss ich selbst machen. | Keiner kann das so gut wie ich. |
| Das muss ich wohl selbst noch mal überarbeiten. | Das taugt nichts. Wenn man nicht alles selbst macht … |
| Ich weiß, dass Sie überaus sorgfältig und genau arbeiten. Aber der Termin rückt immer näher. | Arbeiten Sie schneller! |
| Können Sie das bis Montagmorgen fertig haben? | Notfalls müssen Sie das am Wochenende machen. |
| Ich weiß, dass Ihre Mitarbeiter Sie als gute, gerechte und vorbildliche Vorgesetze schätzen. | Ihnen fehlt die Leistungsorientierung. |
| Überdenken Sie bitte Ihre Prioritäten. | Wenn das nicht besser wird, fliegen Sie. |

3

Ina Iversen ist Change Managerin bei einem großen deutschen Konzern und begleitet in dieser Position die Mitarbeiter des Unternehmens durch größere Veränderungsprozesse wie Fusionen, Reorganisationen und Personalabbau. Ich sprach mit ihr über das Phänomen »emotionale Intelligenz« im Berufsleben:

Wie erklärt sich der anhaltende Trend zur »emotionalen Intelligenz« in der Jobwelt?
Mittlerweile hat sich herumgesprochen, dass man mit emotionaler Intelligenz überaus erfolgreich Mitarbeiter motivieren kann. Sie gilt als neues Managementinstrument, denn man hat erkannt, dass man allein mit fachlicher Qualifikation oft nicht weiterkommt. Wer führen will, muss in der Lage sein, mit seinen eigenen Gefühlen und den Gefühlen anderer konstruktiv umzugehen.

Kann man emotionale Intelligenz lernen?
Der Begriff »emotionale Intelligenz« lässt an Intelligenzquotient denken,
und der ist nun mal gegeben. Besser gefällt mir daher der Begriff der emotionalen Kompetenzen. Und diese sind – wie andere Kompetenzen auch – sowohl erlernbar als auch ausbaufähig. Es gibt mittlerweile eine große Anzahl von Seminar-Anbietern rund um dieses Thema. In der Regel dauern derartige Seminare zwischen ein und fünf Tagen.

Was genau lernt man in einem solchen Seminar?
Das hängt von vielen Faktoren ab, beispielsweise der Seminarlänge und den Vorkenntnissen, die die Teilnehmer mitbringen. Aber letztlich geht es immer darum, seine eigenen individuellen Stärken und die damit verbundenen Potenziale im Umgang mit sich selbst und anderen zu erkennen und zu entwickeln. Je praxisnäher das Seminar gestaltet ist, desto besser.

Also brauchen nicht nur Chefs, sondern auch Mitarbeiter diese Fähigkeit?
Absolut. Es ist ein bisschen so wie mit Beziehungen: Schaden tun sie nur dem, der sie nicht hat. Wer über emo-

tionale Intelligenz verfügt, kann sich in sein Gegenüber, seinen Kollegen, Vorgesetzten oder auch Kunden so gut einfühlen, dass er Grenzen, aber auch Möglichkeiten in der Zusammenarbeit erkennt.

Es besteht so die Chance, seine Interessen durchzusetzen, ohne den anderen dabei zu übervorteilen. Menschen mit emotionaler Intelligenz machen aus schwierigen Konstellationen eine Win-Win-Situation, also eine Situation, von der beide Seiten profitieren.

### Können Sie mir ein konkretes Beispiel nennen, wo emotionale Intelligenz einen entscheidenden Unterschied macht?

Sie können beinahe jede Alltagssituation nehmen. Denken Sie an eine Auszubildende im Einzelhandel, die nach einem Verkaufsgespräch von der Chefin beiseite genommen wird, damit man reflektieren kann, was gut war und wo Verbesserungspotenzial besteht. Wenn die Chefin wenig emotionale Kompetenz besitzt, wird dies eher in einem Kritikgespräch enden. Ebenso könnte die Auszubildende störrisch reagieren

und sich rechtfertigen wollen. Der Ausgang dieses Gespräches dürfte klar sein. Wenn aber nur eine von beiden über die nötige Portion emotionale Kompetenz verfügt, kann sie erreichen, dass sich das Gespräch für beide zum Guten wendet. So könnte die Chefin eine zögerliche Auszubildende ermuntern, ein wenig mehr aus sich herauszukommen, und die Auszubildende könnte der Chefin zeigen, dass Sie begierig ist, an deren Erfahrungsschatz teilzuhaben.

### Haben Sie einen Tipp für Berufsanfänger, wie sie möglichst schnell diese Kompetenzen erwerben können?

Zunächst einmal: Es ist noch kein Meister vom Himmel gefallen. Auch emotionale Kompetenz lässt sich mit etwas Zeit und Übung lernen. Am besten reflektiert man gemeinsam mit Menschen, denen man vertraut, schwierige Situationen im Nachhinein: Wo war ich gut? Was hätte ich noch besser machen können? Wer hier ein wirkliches Interesse entwickelt, wird von Tag zu Tag besser.

3

# Die positive Ausstrahlung stärken

Bevor Sie mit viel Fingerspitzengefühl knifflige Jobsituationen angehen, checken Sie kurz die Basics für sicheres und positives Auftreten, die die Grundlage für reibungsfreie Kommunikation und Zusammenarbeit bieten und letztlich auch die Basis für Erfolg im Job sind.

Folgende Fragen können Ihnen dabei helfen, sich über Ihr Auftreten und Ihre Ausstrahlung bewusst zu werden:

→ Sind Sie eher ein positiv oder ein negativ denkender Mensch?

→ Welche Eigenschaften zeichnen Sie aus?

→ Welche davon rücken Sie gerne in den Mittelpunkt? Welche halten Sie eher zurück? Warum?

→ Was denken wohl andere über Sie? Wie würden Ihre Kollegen und Ihr Chef Sie beschreiben?

→ Packen Sie Dinge an, suchen Sie Lösungen, oder verhalten Sie sich eher passiv und zurückhaltend?

→ Was können Sie tun, damit andere Sie so wahrnehmen, wie Sie sich das wünschen?

Leider haben nur wenige Menschen gelernt, über sich selbst positiv zu denken, und noch weniger, über sich selbst auch positiv zu sprechen und Komplimente von anderen gerne anzunehmen. Was geht in Ihnen vor, wenn Sie sich präsentieren sollen? Können Sie stolz auf sich sein und heben Sie gerne Ihre Erfolge hervor? Oder schämen Sie sich ein bisschen? Wenn ja: Wofür? Sehen Sie vielleicht lieber Ihre Schwächen als Ihre Stärken? Fragen Sie sich, warum das so ist. Und ob es nicht genug Gründe gibt, warum Sie auf sich stolz sein können!

Machen Sie dazu folgende kleine Übung: Setzen oder stellen Sie sich fünf Minuten vor einen Spiegel und versuchen Sie, in dieser Zeit nur positive Dinge an sich wahrzunehmen. Lenken Sie Ihre Aufmerksamkeit bewusst auf das, was Ihnen an sich selbst gefällt! Sie haben keine fünf Minuten durchgehalten? Dann noch mal von vorn!

# Haben Sie Charisma?

**Wenn Sie sich am Rande einer Tagung mit Ihnen bis dahin unbekannten Menschen unterhalten, dann**

a) stehen Ihre Füße beckenbreit auseinander, und Sie halten die Arme leicht geöffnet neben dem Körper. ○

b) stehen Ihre Füße exakt und direkt nebeneinander, und Sie verschränken ganz bequem die Arme. ○

c) ist Lächeln absolut wichtig – je öfter, desto besser. ○

d) präsentieren Sie ein entwaffnendes Anfangslächeln – ansonsten lächeln Sie nur, wenn es Ihnen angebracht erscheit. ○

e) regen Sie sich auch mal auf, wenn Ihnen etwas nicht passt. ○

f) verhalten Sie sich, wie man es erwartet, und bleiben auch bei umstrittenen Aussagen gelassen.

g) stimmen Sie Ihre Äußerungen auf die Meinung der übrigen ab. ○

h) vertreten Sie gern eigene Ansichten, ohne Rücksicht darauf, welche Meinung die übrigen haben. ○

i) ziehen Sie sofort alle Aufmerksamkeit auf sich; dennoch zeigen Sie Interesse für das, was die anderen zu sagen haben. ○

j) möchten Sie sich erst einmal akklimatisieren und halten sich zurück. ○

## Auswertung

Geben Sie sich jeweils 1 Punkt für a, d, e, h, i.
Ziehen Sie jeweils 1 Punkt ab für b, c, f, g, j.

### 0–2 PUNKTE

Sie fühlen Sie am wohlsten mit Bekannten. Aber Sie können lernen, auch auf Fremde positiv zuzugehen!

### 3–4 PUNKTE

Die Basis stimmt, aber Sie können an den Feinheiten arbeiten.

### 5 PUNKTE

Sie haben Charisma – eine wichtige Grundlage für beruflichen Erfolg.

3

## Offene Körpersprache

Einige Menschen betreten den Raum und haben sofort Aufmerksamkeit. Was haben die, was ich nicht habe? Wahrscheinlich eine große Portion Selbstbewusstsein. Und ein paar Tricks, die auch Ihnen helfen, positive Aufmerksamkeit auf sich zu lenken:

→ Üben Sie vor dem Spiegel: Brust raus, Bauch rein. Stehen Sie gerade.

→ Haben Sie schon mal jemandem gegenübergestanden, der bewusst die Nase nach oben hielt und Sie so – obwohl er vielleicht gar nicht größer war als Sie selbst – von oben herab angeschaut hat? Wahrscheinlich sind Sie mit diesem Menschen nicht warm geworden. Halten Sie Ihren Kopf also gerade und schauen Sie niemanden von oben herab an. Sehen Sie Ihrem Gesprächspartner in die Augen, aber starren Sie ihn nicht während des gesamten Gesprächs an. Falls es Ihnen unangenehm ist, Ihrem Gegenüber ständig in die Augen zu schauen, können Sie sich mit einem Trick behelfen: Schauen Sie auf seine Nasenwurzel, das hat den gleichen Effekt.

→ Lassen Sie im Stehen die Arme locker leicht angewinkelt neben dem Körper hängen; die Hände bitte nicht in die Taschen stecken und auch die Arme nicht verschränken. Zupfen Sie nicht an Ihrer Kleidung, und spielen Sie auch nicht nervös mit einem Stift.

→ Üben Sie ein offenes, freundliches Lächeln, mit dem Sie Kollegen und Kunden begrüßen. Erinnern Sie sich in Gesprächen ab und zu daran, zustimmend mit dem Kopf zu nicken. So fühlt der andere sich angenommen und verstanden. Durch aktives Zuhören, indem Sie hier und da ein »Aha« oder »Verstehe« einstreuen, signalisieren Sie Ihrem Gesprächspartner, dass Sie seinen Ausführungen aufmerksam folgen. Das ermuntert ihn weiterzusprechen und schafft eine positive Atmosphäre, in der man sich wohlfühlt.

→ Eine feste Stimme wirkt kompetent. Gepaart mit einem leichten Lächeln wird daraus eine sympathische Stimme. Diese feste Stimme können Sie sich antrainieren: Sorgen Sie durch aufrechtes Sitzen für genügend Luft in den Lungen, und lassen Sie die Luft wieder heraus, indem Sie langsam sprechen und bewusst atmen.

Üben Sie sich auch in der Zwerchfellatmung (manchmal auch Bauchatmung genannt): Sie können so mehr Luft aufnehmen, was für innere Ruhe und Entspannung auch in stressigen Situationen sorgen kann.

→ Unterstreichen Sie Ihre wichtigen Aussagen mit einer Geste, aber übertreiben Sie nicht. Und bleiben Sie sich selbst treu: Wenn Sie eher zurückhaltend sind, wirken große Gesten und ein breites Lächeln unglaubwürdig. Gehen Sie in kleinen Schritten vor, bis dorthin, wo es sich für Sie noch gut anfühlt.

→ Achten Sie auch im Gespräch auf Ihre Körperhaltung: Erregt ein Thema unsere Aufmerksamkeit, setzen wir uns aufrecht hin; stimmen wir einer Meinung zu, beugen wir uns dem Sprecher entgegen. Beobachten Sie einmal Menschen in einer Talkshow!

In diesem Bereich können Sie sich auch einiges bei Politikern abschauen, die meistens sehr gut geschult sind. Körpersprache wird am besten so eingesetzt, dass sie grundlegende Aussagen unterstreicht, ohne übertrieben theatralisch zu wirken. Nehmen Sie sich in Gesprächen mit vertrauten Menschen immer wieder bewusst vor, einzelne Bestandteile umzusetzen. Wenn es Ihnen beispielsweise schwer fällt, offen auf andere zuzugehen, nehmen Sie Gelegenheiten im Job und in der Freizeit wahr: Nehmen Sie bei einer Betriebsfeier mit einem unbekannten oder nur flüchtig bekannten Kollegen Blickkontakt auf, lächeln Sie und steigen Sie mit einer Banalität (über das Wetter oder einen Gegenstand im Raum) ins Gespräch ein. Hören Sie dem anderen zu. Dann können Sie zu Interessen oder Fachgebieten umschwenken. Stellen Sie offene Fragen, auf die der andere eine längere Antwort geben kann. Versuchen Sie nicht, angestrengt witzig zu sein, sondern entspannen Sie sich. Wenden Sie sich Ihrem Gegenüber im Gespräch auch körperlich zu: So spürt er, dass Sie ihn (be)achten.

# Elevator Speech
# (Fahrstuhlrede)

Die Elevator Speech oder Fahrstuhlrede wurde in Amerika erfunden (wo die Hochhäuser üblicherweise etwas höher sind als in Europa):

Stellen Sie sich vor, Sie treffen einen wichtigen Kunden im Aufzug und haben bis zum 20. Stock die einmalige Chance, ihn von sich und Ihrem Produkt zu überzeugen. Sie haben damit exakt 2,5 Minuten, eine Art Verkaufsmonolog zu führen: Umreißen Sie die Ausgangslage, den Mangel oder das Problem, das der Kunde hat, und bieten Sie eine Lösung dafür an. Benennen Sie die Vorteile Ihres Produkts, also den Nutzens für den Kunden, und natürlich Ihr Alleinstellungsmerkmal.

Probieren Sie es aus und feilen Sie solange, bis Sie diese Inhalte wirklich überzeugend präsentieren können. Überlegen Sie, was Ihren Vortrag interessant macht. Leiten Sie mit Fragen über, die Spannung erzeugen. Arbeiten Sie mit Beispielen aus der Welt des Kunden, mit interessanten Bildern und kurzen, einprägsamen Sätzen. Verzichten Sie auf Fachvokabular! Setzen Sie auch Gestik und Mimik ein, um das Gesagte zu unterstreichen. Ihr Gegenüber muss das Feuer spüren, das in Ihnen für die Sache brennt, ohne zu bemerken, dass Sie den Text auswendig gelernt haben.

Ziel dieser Übung ist es, in gegeben knapper Zeit maximale Information so zu vermitteln, dass Sie Ihren Zuhörer ernsthaft für Ihre Sache interessieren. Die Mühe lohnt sich, denn im Geschäftsleben ergeben sich immer wieder Situationen, in denen Sie schnell und komprimiert das Wesentliche rüberbringen oder sich gut verkaufen müssen.

### Geben Sie sich als der, der Sie werden wollen

Ihr Chef ist immer tiptop angezogen, tritt ruhig auf und übernimmt gern Verantwortung? Wenn Sie eine ähnliche Position anstreben, legen Sie den Grundstein gleich heute, und – verhalten Sie sich, als hätten Sie die Position bereits! Während Sie so tun als ob Sie schon erfolgreicher Manager sind, nehmen die Kunden Sie auch so wahr.

## Soziale und emotionale Kompetenz nutzen

Ihr Karrierepfeil zeigt steil nach oben, wenn Sie soziale Kompetenzen durch emotionale Intelligenz erweitern können.

3

## Regel 4: Soziale Kompetenz ist nur der erste Schritt – heute ist emotionale Intelligenz gefragt.

### Ihre Sicht auf die Dinge

Es gibt Menschen, die sehen überall zuerst die Schwierigkeiten – andere sehen genau dort Chancen für Entwicklung. Zu welchem Typ gehören Sie?

Denken Sie an eine wirklich schlimme Situation, die Sie im Verlauf Ihres Lebens durchgemacht haben, zum Beispiel das Ende einer Beziehung oder einen Jobverlust.

Dann überlegen Sie, was an dieser schlimmen Erfahrung aus heutiger Sicht gut und gewinnbringend für Sie war. Vielleicht haben Sie im Nachhinein festgestellt, dass der Mann, der Sie verlassen hat, nicht wirklich zu Ihnen passte? Oder Sie haben inzwischen einen viel besseren Job gefunden, der Ihnen mehr Geld bringt und Sie auch erfüllt? Was auch immer Ihr Beispiel für eine schlimme Erfahrung war, ich bin sicher, dass Sie auch etwas Gutes mitgenommen haben.

Diese Erkenntnis kann Ihnen heute und in Zukunft in schwierigen Situationen weiterhelfen: Denn Sie wissen aus eigener Erfahrung, dass Sie aus jeder Situation auch etwas Positives daraus mitnehmen werden: Eine Einsicht, die Ihnen niemand nehmen kann, die Sie stärken und Ihren Blick auf die Dinge verändern und erweitern wird.

Weil wir das oft vergessen, ist es hilfreich, sich das immer mal wieder vor Augen zu führen: Ein Tagebuch oder ein kleines Heft, in das Sie Ihre aktuelle Gefühlslage eintragen, hilft der Erinnerung auf die Sprünge. Ich selbst habe seit 1999 so ein Büchlein. Öfter blättere ich zurück, wie es mir zum Beispiel heute vor einem Jahr gegangen ist. Glücklicherweise gab es nur wenige schlimme Situationen. Aber es gab sie und im Nachhinein habe ich sie alle gemeistert; jede hat mich weitergebracht. Vielleicht wollen Sie sich auch so ein Heft anlegen. Es unterstützt Sie, in der nächsten schwierigen Phase die Kraft zu schöpfen, die Sie brauchen, um die Situation zu meistern.

### Den inneren Dialog steuern und nutzen

Die meisten von uns führen ständig eine Art inneren Dialog, ohne dass wir uns dessen bewusst sind. Angenommen, Sie hatten eine unangenehme Situation mit Ihrem Chef, die ein mulmiges Gefühl zurückgelassen hat. Sie fragen sich: Was ist falsch gelaufen? Die Antwort, die Sie selbst sich geben, könnte lauten »Du warst einfach ein wenig schroff«. Gleichzeitig meldet sich aber eine andere innere Stimme, die sagt: »Ach was, er hat mich einfach im völlig falschen Moment erwischt.«

Das ist bereits ein innerer Dialog! Oft quälen wir uns stunden- oder sogar tagelang mit unseren inneren Stimmen, die vorwurfsvoll, zynisch, verständnisvoll oder auch vernünftig sein können. Der erste Schritt lautet: Machen Sie sich diese Stimmen bewusst! So können Sie den Kreislauf durchbrechen und sich aus einer unbeteiligten Position ansehen, was hier eigentlich abläuft. Geben Sie dann jeder Stimme, die sich zu Wort meldet, einen Namen, beispielsweise »der Zweifler« und »der Aufmüpfige«. Lassen Sie die beiden zu Wort kommen. Können sie sich in den folgenden fünf bis zehn Minuten nicht einigen, schalten Sie einen »Vermittler« ein. Vielleicht kennen Sie den Vermittler in Ihnen bereits aus anderen Situationen des täglichen Lebens, zum Beispiel wenn zwei Kollegen sich wegen einer Aufgabe streiten. Rufen Sie diese Instanz in sich auf und beauftragen Sie sie mit der Vermittlung. Ihr Unterbewusstsein wird diesen Job erledigen. Verlassen Sie sich darauf, lassen Sie das Unbewusste seine Arbeit machen, und kümmern Sie sich derweil um etwas anderes. Im Lauf der Zeit können Sie sich angewöhnen, den Vermittler immer wieder in schwierigen Situationen und scheinbar verfahrenen inneren Dialogen einzuschalten.

## Win-Win-Situationen herstellen

Es gibt Menschen, die glauben, dann besonders erfolgreich zu sein, wenn Sie all ihre Forderungen durchsetzen und ihren Verhandlungspartner über den Tisch ziehen konnten. Diese Menschen übersehen meist, dass der über den Tisch Gezogene künftig versuchen wird, sich zu rächen oder den Kontakt mit ihnen dauerhaft zu vermeiden. Das kann, gerade im Berufsleben, mit Sicherheit nicht das Ziel sein.

Zufrieden sind Verhandlungspartner meist dann, wenn beide einen Gewinn davontragen. Damit sind keine faulen Kompromisse gemeint, sondern ein Abschluss, mit dem beide gut leben können.

3

### Erfahrungsbericht

#### Win-Win-Situationen im Alltag

*Andreas, Software- und Hardware-Verkäufer, will einen guten Preis für einen Computer erzielen. Ihm schweben 1000 Euro vor, während Harald, der Kunde, möglichst wenig ausgeben möchte, am liebsten nicht mehr als 800 Euro.*

*Die beiden liegen mit ihren Vorstellungen somit 200 Euro auseinander. Bei genauerer Betrachtung will Andreas aber auch langfristig mit Harald Geschäfte machen (vielleicht braucht Harald noch einen neuen Drucker oder Scanner), während Harald für seine 800 Euro möglichst viel bekommen möchte.*

*Im Laufe der Verhandlung nähern sich nun beide an: Dem Verkäufer ist die Aussicht auf eine langfristige Geschäftsbeziehung 100 Euro wert. Zudem sichert er Harald eine kostenfreie Service-Hotline zu, falls dieser Probleme mit dem Computer haben sollte. Dieser Service ist Harald 50 Euro wert. Die restlichen 50 Euro lösen sich auf, indem Andreas für Barzahlung 25 Euro Nachlass gewährt, während Harald für die sofortige Lieferung frei Haus 25 Euro mehr bezahlt.*

*Beide einigen sich so bei 875 Euro. Dennoch ist das kein Kompromiss, denn beide haben für die Differenz zu ihrer ursprünglichen Preisvorstellung etwas für sie Wertvolles bekommen: Andreas hat einen Kunden mit der reellen Aussicht auf eine langfristige Geschäftsbeziehung und Barzahlung. Harald profitiert von einer kostenfreien Service-Hotline und der sofortigen Lieferung frei Haus.*

Das ist natürlich ein einfaches Beispiel, wie eine Win-Win-Situation hergestellt werden kann. Aber Sie können dieses Prinzip auch an vielen anderen Stellen anwenden:

1. Was sind meine eigenen Ziele?

2. Und was sind die Ziele Ihres Verhandlungspartners?

3. Stecken hinter den offensichtlichen Zielen noch andere?

   Im obigen Fall hoffte der Verkäufer ja nicht nur auf den aktuellen Abschluss, sondern auf eine langfristige Kundenbeziehung, was unterm Strich viel mehr Gewinn bringen wird. Um genau diese Ziele herauszubekommen, versuchen Sie sich in die Lage des anderen zu versetzen: Was genau würden Sie wollen, wenn Sie in seiner Position wären? Hören Sie genau auf seine Worte, achten Sie auf seine Stimmlage und die Haltung. Können Sie erkennen, was er fühlt? Daraus lässt sich oft ableiten, was ihm fehlt und was er erreichen will.

4. Was könnte eine für beide Seiten befriedigende Lösung sein, die meine und die Ziele des Gegenübers miteinbezieht? Fragen Sie sich dazu, was Sie dem anderen geben können, damit er sein Ziel erreicht und Sie dennoch nicht von Ihrem Ziel abweichen müssen. Das gilt auch andersherum: Was könnten Sie vom anderen zu Ihrer Zielerreichung fordern, ohne dass er sein Ziel aus den Augen verliert?

5. Habe ich für alle eine befriedigende Lösung gefunden? Fragen Sie zur Sicherheit beim Gegenüber nach: »Ist das ok für Sie? Können Sie sich damit arrangieren?«

Sollten Sie keine Win-Win-Situation realisieren können, müssen Sie sich fragen, wie sehr Ihnen an einer Lösung liegt. Im Verkauf könnten und sollten Sie sich aus den Verhandlungen zurückziehen, denn ein Geschäft, an dem nicht beide Parteien Freude haben, ist letztlich für keinen ein Gewinn. Im Job kann es da anders aussehen, hier werden Sie öfter Kompromisse eingehen müssen. Denn mit wem Sie zusammenarbeiten, können Sie sich selten aussuchen. Ein Kompromiss ist aber etwas anderes als eine Win-Win-Situation: Hier gibt jeder ein wenig seine ursprünglichen Position auf. Das kann zunächst eine Lösung sein, langfristig sind aber oft beide Parteien damit nicht zufrieden.

3

## Feedback nutzen

Emotional intelligente Menschen sehen Feedback nicht als negative Kritik, die ihre eigene Person in Frage stellt, sondern versuchen sie als Anregung zu nutzen, sich selbst weiterzuentwickeln.

### Erfahrungsbericht

#### Feedback hilft

*Henrik ist seit drei Monaten im Qualitätsmanagement einer Coffeeshop-Kette beschäftigt, als ihn sein Kollege Jan zur Seite nimmt. Er möchte ihm ein paar Tipps zum besseren Umgang mit den Lieferanten verraten. Henrik erkennt schnell, dass es sich um ein (unangekündigtes) Feedbackgespräch handelt. Jan: »Ich finde es super, wie du mit den Lieferanten zurechtkommst. Man hat den Eindruck, ihr habt richtig Spaß, wenn ihr miteinander telefoniert. Aber du sprichst viel zu lange mit ihnen. Statt zu argumentieren, solltest du sagen, was wir von ihnen erwarten.« Henrik hört sich alles an, bedankt sich und sagt, dass er überlegen wird, wie er diese Tipps umsetzen kann.*

*Henrik fühlt sich ein wenig angegriffen, versucht aber, rational an die Sache heranzugehen. Daher reflektierte er zunächst seine Telefonate mit den Lieferanten. Den lockeren Ton, beschließt er, möchte er beibehalten. Er ist davon überzeugt, dass er die Grundlage seiner Verhandlungserfolge ist. Schließlich gab es bisher kaum Missstimmung mit den Lieferanten. Zwar macht Jan nie Kompromisse und erscheint auf den ersten Blick erfolgreicher als Henrik, aber Jans Gespräche enden nicht immer einvernehmlich und führen manchmal sogar zu einem Lieferanten-Wechsel. So fühlt sich Henrik in seiner grundsätzlichen Vorgehensweise bestätigt, beschließt aber, künftig ein wenig von Jans Zielstrebigkeit in seine Lieferanten-Gespräche einfließen zu lassen.*

# Feedback-Regeln

## Als Feedbackgeber

→ beschreiben Sie zunächst ohne Wertung, was Sie gesehen und gehört haben;

→ sagen Sie, was das bei Ihnen ausgelöst hat und wie Sie sich fühlten;

→ lassen Sie alte Geschichten weg; Sie nehmen nur Bezug auf die aktuelle Situation.

## Der Feedbacknehmer

→ hört nur zu und rechtfertigt sich nicht;

→ fragt nach, wenn er etwas nicht verstanden hat;

→ versucht, das Feedback nur auf sein momentanes Verhalten und nicht auf seine Person zu beziehen;

→ entscheidet, was er annimmt und was nicht;

→ hat das Recht, das Feedbackgespräch jederzeit zu beenden;

→ bedankt sich für das Feedback.

**3**

## Nicht verunsichern lassen

Wer auch immer Ihnen Feedback gibt – vereinbaren Sie Offenheit und Sachlichkeit. Das ist nicht selbstverständlich, denn viele Menschen haben Angst, durch Kritik das Wohlwollen zu verlieren, oder sind unsicher, wie eine solche Rückmeldung am besten formuliert wird. Daher vermeiden viele notwendige Feedback-Gespräche.

Im Feedbackgespräch selbst lassen Sie den anderen auf jeden Fall ausreden und ihn alles sagen, was er auf dem Herzen hat. Bis auf Verständnisfragen dürfen Sie sich nicht zu Wort melden. Vermeiden Sie es, sich zu rechtfertigen oder zu verteidigen. Seien Sie darauf gefasst, dass Feedback immer subjektiv ist und *ein* Blick auf Ihre Person und Ihre Arbeit.

## Sachlich bleiben!

→ Im Feedbackgespräch wird der anderer ausfallend oder aggressiv? Sprechen Sie das mit Bestimmtheit an: Wiederholen Sie die Aussage des anderen, und bitten Sie ihn dann, sich mit Ihnen sachlich auseinanderzusetzen. Fragen Sie, was genau bei ihm wie angekommen ist, und hören Sie zu. Bleibt Ihr Gesprächspartner allerdings verletzend, brechen Sie das Gespräch ab. Sie können ein erneutes Gespräch anbieten. Machen Sie dabei von vornherein klar, dass Sie dieses neue Gespräch nur auf einer sachlichen Ebene führen.

## Holen Sie aus Feedback das Beste raus

Seien Sie darauf gefasst, dass Feedback immer subjektiv ist. Es handelt sich keineswegs um ein objektives »Urteil« Ihres Gegenübers; Sie können von ihm also keine Unbefangenheit erwarten. Und daher ist auch eine Rechtfertigung unsinnig.

Davon zu unterscheiden ist jedoch, was Sie mit dem Feedback machen. Sortieren Sie aus, was Sie für sich anzunehmen bereit sind. Den Rest können Sie getrost und auch ganz bewusst fallen lassen. Dazu können Sie sich fragen, ob Ihr Gegenüber konstruktive Kritik geäußert, also konkrete Vorschläge zur Verbesserung gemacht hat und für wie kompetent Sie ihn halten – kam das Feedback von Ihrem Chef oder einem Kollegen?

Ein kleiner Trick hilft Ihnen, negative Kritik leichter anzunehmen: Schauen Sie erst auf das Gute, auf das, was Ihr Gesprächspartner positiv rückgemeldet hat. Dann fällt es Ihnen weniger schwer, Ihre Aufmerksamkeit auf die negativen Punkte zu lenken. Hat Ihr Kritiker Recht? Versuchen Sie, die Kritik aus seiner Sichtweise nachzuvollziehen. Überlegen Sie dann, ob und wie Sie ihm entgegenkommen können und wollen. Denken Sie immer daran: Nicht Sie als Person sind kritisiert worden, sondern ein kleiner Teilbereich Ihrer Arbeit. Sie müssen nicht Ihrem Chef oder Kollegen gegenüber zugeben, dass Sie noch Optimierungspotenzial haben, sondern nur sich selbst gegenüber.

# Was tun mit schwierigen Kollegen?

Man kann und muss es nicht allen recht machen, aber wer nicht versucht, gut mit seinen Mitmenschen auszukommen, wird beruflich wie privat nicht weit kommen.

Die meiste Zeit läuft ja auch alles glatt, weil jeder von uns eine große Zahl an Problemlösungsstrategien ganz unbewusst anwendet. Doch auch der friedliebenste Mensch gerät irgendwann an einen Kollegen, mit dem er einfach nicht kann. Auch hier können die Grundlagen emotionaler Intelligenz weiterhelfen.

## Die eigene Sichtweise ändern

Wichtig ist, dass Sie zunächst nach den Gründen forschen: Was genau ist zwischen Ihnen vorgefallen? Hat der andere Sie verletzt, beleidigt oder vor den Kopf gestoßen? Ist das mit Absicht geschehen? Oder haben Sie vielleicht selbst ein dünnes Fell? Mit anderen Worten: Konnte der andere überhaupt ahnen, was sein Handeln in Ihnen auslöst? Beantworten Sie diese Fragen ehrlich. Meist löst das bereits den größten Teil aller zwischenmenschlichen Probleme. Jeder kann lernen, auch einmal etwas auszuhalten, was ihn bisher genervt hat, wenn er weiß, dass der andere ihn mit seinem Verhalten gar nicht treffen wollte:

→ Ihr Kollege raucht in Ihrer Anwesenheit, obwohl er weiß, dass Sie Nichtraucher sind.

→ In Meetings biedert er sich immer wieder beim Chef an.

→ Er ist ein Angsthase und hofft darauf, dass andere die Kastanien für ihn aus dem Feuer holen.

Wenn Sie also zu dem Schluss kommen, dass der andere Sie nicht ärgern will, machen Sie den ersten Schritt und gehen Sie auf ihn zu. Sprechen Sie das Thema ruhig und sachlich an und sagen Sie ihm, was sein Verhalten in Ihnen auslöst. Bei den obigen Beispielen können Sie den Gesprächseinstieg beispielsweise so gestalten:

3

**Think positive!**

→ Wenn ein Kollege Sie besonders nervt, setzen Sie sich einmal in Ruhe hin und schreiben Sie all seine positiven Eigenschaften auf. Denn niemand ist ausschließlich unausstehlich. Überlegen Sie, wie ihn wohl seine Familie und seine Freunde sehen. Erinnern Sie sich in der nächsten stressigen Situation daran.

→ Zum Raucher: »Können Sie mit der Zigarette noch ein wenig warten, bis das Meeting beendet ist? Das wäre nett, danke!«

→ Den Kollegen, der sich beim Chef anbiedert, lassen Sie einfach ruhig gewähren. Atmen Sie tief durch und stellen Sie sich vor, wie sein Verhalten an Ihnen abprallt, denn – wörtlich genommen: Es betrifft Sie nicht.

→ Zum Angsthasen: »Ja, da könnten Sie Recht haben. Schlagen Sie das doch einmal im Meeting vor« oder »Wenn Sie denken, dass Ihre Idee der bessere Weg ist, dann sprechen Sie doch den Chef direkt darauf an«.

### Persönliche Antipathie

Daneben wird es aber immer auch Menschen geben, an denen uns eine kleine, persönliche Sache stört, beispielsweise:

→ Der Kollege sagt »Guten Morgen« und scheint dabei immer süffisant zu grinsen – will er Ihnen den Tag vermiesen?

→ Oder er spricht schleppend mit vielen Pausen und sucht minutenlang nach den richtigen Worten?

Hier führen Gespräche nicht weiter, es gibt aber einige Techniken, die Ihnen helfen können, Ihre Sichtweise zu ändern. Versuchen Sie es einmal mit den folgenden:

→ Wissen Sie wirklich, ob Ihr Kollege Sie mit seinem Grinsen ärgern will? Möglicherweise ist er einfach nur verlegen, weil er merkt, dass Sie ihm die kalte Schulter zeigen. Vielleicht erscheint Ihnen sein Grinsen beim nächsten Mal nicht mehr süffisant, sondern eher schüchtern. Damit können Sie bestimmt besser leben.

→ Beim langsam sprechenden Kollegen machen Sie es umgekehrt: Drehen Sie einen virtuellen Radioknopf voll auf, sodass Sie fast schon meinen, seine Gedanken zu hören, bevor ein Wort endlich seinen Mund verlässt. Das macht Spaß, Sie werden sehen!

## ÜBUNG

# Umgang mit
# schwierigen
# Zeitgenossen

☀ Welches Verhalten nervt Sie an Ihrem Kollegen oder Chef?

_____

☀ Ist es möglich, dass andere sich auch an Ihrem Verhalten stören? Was könnte der Grund sein?

_____

☀ Was würden Sie sich in dem Fall von Ihren Kollegen oder Ihrem Chef wünschen?

_____

☀ Können Sie diese Erkenntnis in Ihr Problem einbeziehen? Wie können Sie den anderen sachlich und freundlich ansprechen, sodass er bereit ist, mit Ihnen eine Lösung zu finden?

_____

# Werden Sie sichtbar und
# unentbehrlich

Wer emotional intelligent handelt, ist noch nicht zwangsläufig erfolgreich. Gerade Frauen sind hier oft zu bescheiden und meinen, ihr Chef müsste doch sehen, was sie alles leisten, wie gut sie sich mit den Kollegen verstehen und dass sie tough ihre Ziele verfolgen. Aber es gehört ein bisschen mehr dazu, sichtbar zu werden: Stellen Sie Ihre Erfolge ganz bewusst in den Mittelpunkt, und haben Sie den Mut, sich zu verkaufen.

## Erfahrungsbericht

### Nicht entmutigen lassen

*Paula arbeitet als Sekretärin im Marketing bei einem Verlag für Print- und Onlinemedien. Zusammen mit vier Kolleginnen bildet sie einen Sekretärinnen-Pool. Jede von ihnen ist für jeweils vier Führungskräfte zuständig. Paulas Urlaubsantrag löst bei ihren Kolleginnen jedes Mal Bestürzung aus, nicht nur, weil diese ihre Arbeiten in dieser Zeit übernehmen müssen, sondern vor allem, weil Paula eine fleißige, zuverlässige und umgängliche Mitarbeiterin ist. Als Zeichen dafür darf sie immer selbstständiger arbeiten, weil alle wissen, dass man sich auf sie verlassen kann.*

*Nachdem Paula bereits eine Weile im Unternehmen ist, beginnt es der Branche schlechter zu gehen: Kunden schränken ihr Anzeigenbudget ein, der Umsatz des Verlages bricht ein, es geht das Gerücht um, dass Mitarbeiter entlassen werden. Als Pool-Sekretärin kann Paula sich ausmalen, wer zuerst gehen muss. Verschreckt, aber bereit zu kämpfen, kommt Paula in meine Coaching-Praxis.*

## Bestandsaufnahme

Paula möchte es auf keinen Fall bis zur Kündigung kommen lassen: Sie will um ihren Job kämpfen und sich positiv von der breiten Masse abheben.

Glücklicherweise bringt Paula jede Menge Ideen und Fantasie mit und weiß viel rund um das Thema Werbung, etwa wie eine Werbekampagne geplant wird oder welche Werbung eine Zielgruppe am besten erreicht. Als Sekretärin hat sie all diese Fähigkeiten nicht gebraucht, sie war allein für die Umsetzung verantwortlich. Paulas Daseinsberechtigung hängt also nicht unerheblich vom Erfolg ihrer Chefs ab. Werden einer oder mehrere von ihnen entlassen, steht auch der Job der Sekretärinnen auf dem Spiel. Ihr Ziel ist es also, ihre Weiterbeschäftigung über den Erfolg der Führungskräfte zu sichern. Dafür schaut sich Paula jeden von ihnen genau an: Wie lange ist er schon im Unternehmen, welche Erfolge hat er vorzuweisen, wo liegen seine Stärken und Schwächen? Für jeden ihrer Chefs skizziert sie nach diesen Vorgaben ein Profil. Schnell kommt sie zu dem Schluss, dass bei Herrn Meyer wohl alle Mühe vergebens ist: Er ist erst seit einem Jahr im Unternehmen und liefert nur mäßige Ergebnisse. Die Profile der übrigen drei lassen hoffen: mehrjährige Betriebszugehörigkeit, umsatzstark und mit sehr guten Kundenkontakten. Paula beschließt, sich auf diese drei zu konzentrieren.

## Verbündete suchen

Paula braucht jetzt Verbündete und wendet sich an ihre Sekretärinnen-Kolleginnen. Sie wählt für das Meeting mit ihnen einen Raum im Verlag und setzt es während der üblichen Arbeitszeit an. Hier schildert sie zunächst die aktuelle Situation und fragt dann die anderen nach Ideen. Alle, bis auf Nicole, geben sich mehr oder weniger ratlos. Sie ist frisch im Unternehmen und wurde von ihrem vorhergehenden Arbeitgeber entlassen, als Kündigungen anstanden. Das sollte sich nicht wiederholen. Paula ist der Meinung, die Vertriebstätigkeit ihrer Chefs durch die Ausarbeitung konsequent zielgruppenspezifischer Ansprachen pushen zu können. Sie möchte selbst individuelle Gesprächsleitfäden (ausgerichtet auf die jeweilige Kundengruppe) entwickeln. Nicole geht sogar so weit, dass die Angebote insgesamt in spezifische Werbekonzepte verpackt werden müssen, denn eine Online-Firma geht anders auf ihre Kunden zu als ein Unternehmen mit Filialbetrieb. Sie stellen ihre Ergebnisse ihren Chefs vor. Die sind ziemlich verblüfft, so toughe Sekretärinnen zu haben, und doppelt motiviert, sich nun richtig ins Zeug zu legen.

# Regel 5:
# Wer unentbehrlich ist, bleibt im Spiel.

Egal, ob Ihr Unternehmen rote oder schwarze Zahlen schreibt: Wenn man Sie für einen wichtigen Mitarbeiter hält, wird man Sie nicht so schnell entlassen. Soziale Kompetenz und emotionale Intelligenz, wie weiter oben beschrieben, gehören bestimmt dazu. Aber auch fachliche Fähigkeiten, wie eigene Ideen, Kompetenz, Kreativität und Zuverlässigkeit machen Sie zu einem besonderen Kollegen. Überlegen Sie einmal, wo Sie hier punkten können.

→ Liefern Sie gute Ideen, die von den anderen aufgegriffen werden?

→ Besuchen Sie öfter Fortbildungsseminare?

→ Machen Sie ab und zu »noch schnell« etwas für Ihren Chef fertig?

Sind Ihrem Chef Ihre Pluspunkte bewusst?

## Anders als andere

Noch sind Sie nicht wirklich sichtbar in Ihrem Unternehmen, geschweige denn unentbehrlich? Das kann sich ändern! Wichtig ist, dass Sie positiv auffallen und der Firma einen Mehrwert liefern:

→ Ihre Kollegen kommen früh und gehen pünktlich? Dann kommen Sie öfter spät und bleiben etwas länger. Chefs haben die Angewohnheit, abends noch durch die Flure zu laufen. Wer dann auffällt, sind Sie. Achten Sie aber darauf, nicht zum »Streber« zu werden: Ab und zu früh zu gehen, ist vollkommen in Ordnung.

→ Wenn es darum geht, Sonderaufgaben wahrzunehmen, schauen alle erst einmal weg? Melden Sie sich freiwillig. Und bieten Sie sich auch einmal an, bevor Ihr Vorgesetzter um Unterstützung bittet.

→ Übernehmen Sie freiwillig die Rolle des Stellvertreters: Springen Sie ein, wenn das Team dem Leiter eine Information übermitteln möchte.

→ Wenn Sie selbst Informationen von Ihrem Chef brauchen, gehen Sie offen auf ihn zu und fragen Sie nach. Viele Mitarbeiter interessieren sich nur für ihren eigenen Bereich. Bestimmt wird es Ihrem Chef positiv auffallen, wenn Sie nachfragen, wie sich Projekte, an denen Ihre Abteilung beteiligt war, weiterentwickelt haben.

→ Jeder Mitarbeiter hat das Recht, einmal im Jahr ein Weiterbildungsseminar zu besuchen: Bitten Sie darum, eine mehrmonatige berufsbegleitende Weiterbildungsmaßnahme finanziert zu bekommen. Sie investieren die Zeit nach Feierabend und am Wochenende, sodass Sie keine Fehlzeiten haben, und zeigen sich zugleich als lernwilligen und motivierten Mitarbeiter.

→ Zum Geburtstag ist es üblich, Kaffee und Kuchen auszugeben? Laden Sie doch mal im Büro zum Frühstück ein!

→ Alle freuen sich bereits heute auf die nächste Betriebsfeier? Organisieren Sie ein besonderes Event, an das alle noch lange gerne denken, zum Beispiel den Besuch in einem Hochseilgarten.

3

## Sind Sie
# unentbehrlich?

→ Bitte entscheiden Sie, welche Aussage jeweils am ehesten auf Sie zutrifft:

**Ein wichtiges Meeting steht an. Bei der Terminabsprache**

a) achtet Ihr Vorgesetzter darauf, dass die meisten aus dem Team anwesend sein können.  ○

b) interessiert es Ihren Vorgesetzten nicht, dass es während Ihres Urlaubs stattfinden wird. Hauptsache, alle anderen können.  ○

c) werden Ihre Abwesenheiten auf jeden Fall berücksichtigt.  ○

**In Ihrer Abteilung soll eine neue Software eingesetzt werden. Im Vorfeld**

a) wurde die Software allen Mitarbeitern gemeinsam vorgestellt.  ○

b) fand die Präsentation ausgerechnet an dem Tag statt, als Sie krank waren. Eine gesonderte Einweisung für Sie gab es nicht.  ○

c) hat Ihr Chef Sie intensiv in den Auswahlprozess mit einbezogen.  ○

**Ihre Firma soll umstrukturiert werden. Das betrifft auch Ihre Abteilung. Ihr Chef**

a) informiert über die Ergebnisse in einer Abteilungsbesprechung.  ○

b) spricht im Vorfeld mit ausgewählten Mitarbeitern. Sie gehören nicht dazu.  ○

c) bittet Sie, sich im mit der Umsetzung betrauten Projektteam zu engagieren.  ○

**In Ihrem Team gibt es Stress zwischen zwei Kolleginnen. Sie sind nicht involviert und**

a) halten sich raus.  ○

b) haben trotzdem das Gefühl, dass die schlechte Stimmung auch auf Sie abfärbt.  ○

c) versuchen zu schlichten.  ○

**Sie sind bei einem Weiterbildungsseminar. Währenddessen**

a) übernimmt eine Kollegin Ihre Vertretung. ○

b) bleibt bergeweise unerledigte Post auf Ihrem Schreibtisch liegen. ○

c) ruft Ihr Chef Sie öfter an, um wichtige Informationen zu erfragen. ○

**Der wichtigste Kunde Ihres Unternehmens beschwert sich über Ihre Abteilung. Sie**

a) werden vom Abteilungsleiter um eine Einschätzung der Situation gebeten. ○

b) haben damit nichts zu tun und kümmern sich daher auch nicht darum. ○

c) sollen nach Klärung des Sachverhalts die Prozesse so gestalten, dass dieses Malheur nicht noch einmal passieren kann. ○

# Auswertung

## ÜBERWIEGEND **a**:

Man schätzt Sie durchaus, aber Sie heben sich (noch) nicht wirklich von Ihren Kollegen ab. Das kann sich ändern: Profilieren Sie sich in Projekten, fertigen Sie aus eigenem Antrieb eine nützliche Ausarbeitung; beziehen Sie in schwierigen Situationen auch mal Stellung. Denken Sie immer daran: Wenn Sie in der Deckung bleiben, werden Sie leicht übersehen.

## ÜBERWIEGEND **b**:

Sie heben sich durchaus von der breiten Masse ab. Das nächste Ziel sollte es sein, sich unersetzlich zu machen. Arbeiten Sie daran: Fordern Sie mutig Ihr Recht ein, aber übernehmen Sie auch ab und zu mal freiwillig Aufgaben, die keiner mag.

## ÜBERWIEGEND **c**:

Sie haben es geschafft, eine wichtige Position in Ihrem Team einzunehmen, und Ihr Chef schätzt Sie über die Maßen. Doch seien Sie auf der Hut: Wer Erfolg hat, hat auch Neider. Eine wirksame Gegenmaßnahme ist, den Kollegen gegenüber noch hilfsbereiter zu sein.

3

# TIPP

## Kollegialität kommt immer an

So wertvoll Teamarbeit auch ist – Teams bekommen in den seltensten Fällen Gehaltserhöhungen, sie werden nicht befördert, und Anerkennung findet meist nur das Team im Ganzen. Andererseits nimmt das Team Alleingänge, die offensichtlich auf Profilierung angelegt sind, nachhaltig übel. Es geht also nur mit dem Team – oder besser ausgedrückt: für das Team. Teamfähigkeit ist zudem eine Schlüsselqualifikation emotionaler Kompetenz. Wie können Sie also dem Team und zugleich Ihrer eigenen Karriere nützen und auch im Team für Ihren Chef sichtbar werden?

→ Rundschreiben und Fachzeitschriften werden als lästige Pflichtlektüre angesehen? Fertigen Sie zu besonders interessanten Artikeln Zusammenfassungen oder Kurzpräsentationen an, und schicken Sie sie an das Team, an den Teamleiter im CC.

→ Schnittstellen zu anderen Abteilungen funktionieren nur schlecht? Machen Sie in der nächsten Teamsitzung Vorschläge zur Verbesserung.

→ Vor Längerem wurde Ihr Team über eine Angelegenheit informiert, zu der keine aktuellen Informationen vorliegen? Fragen Sie im Haus nach und bitten Sie, auf dem Laufenden gehalten zu werden. Bieten Sie an, die übrigen Teammitglieder und den Teamleiter über Fortschritte und Neuerungen zu informieren.

→ Notieren Sie sich, wenn ein Thema für das gesamte Team interessant sein könnte. Bieten Sie von sich aus an, Themen für das nächste Meeting aufzubereiten.

## Erfolge feiern

Gerade Frauen neigen dazu, ihre Erfolge als selbstverständlich abzutun und sich vor allem auf ihre Fehler zu konzentrieren. Um anderen positiv im Gedächtnis zu bleiben, ist es aber wichtig, seine Erfolge bekannt zu machen!

Der erste Schritt dahin ist, Lob gerne anzunehmen. Spielen Sie ein ernst gemeintes Lob nicht herunter durch Sätze wie »Ach, das hätte jeder so gemacht«. Freuen und bedanken Sie sich. Und schaffen Sie selbst Situationen, in denen andere von Ihren Erfolgen erfahren: im Mitarbeitergespräch oder in der Gehaltsverhandlung. Stellen Sie das Projekt in den Mittelpunkt und erwähnen Sie Ihren eigenen positiven Anteil daran, auch die Position, die Sie innehatten (Ideengeber oder ausführender Mitarbeiter). Halten Sie Unterlagen mit Details griffbereit. Sie dürfen stolz sein und können dabei die Vorteile für Kollegen oder Kunden in den Vordergrund rücken. So werden Sie nicht zum Angeber, sondern bleiben positiv in Erinnerung.

TIPP

3

**Lob geben und bekommen**

→ Besser als sich selbst zu loben ist, wenn andere das tun. Gehen Sie mit gutem Beispiel voran und bedanken Sie sich per E-Mail bei Ihrer Kollegin für die Vorbereitung der gelungenen Weihnachtsfeier. Ihren Chef nehmen Sie ins CC. Ihre Kollegin wird sich freuen, der Chef wird stolz auf seine Mitarbeiterin sein und Ihren Namen positiv im Gedächtnis behalten. Bestimmt wird diese Kollegin sich irgendwann revanchieren, eventuell mit einer ähnlichen Dankesmail an Sie, bei der dann Ihr Chef im CC steht.

# Werden Sie zum Netzwerker!

3

→ Wer ist eigentlich wirklich wichtig im Unternehmen? Wer trifft die Entscheidungen? Und wie werden sie getroffen? Wer nimmt Einfluss darauf? Die Antworten auf diese Fragen werfen eine weitere wichtige Frage auf: Mit wem müssen Sie sich gut stellen? Wer sind denn nun die Strippenzieher und »Königsmacher«?

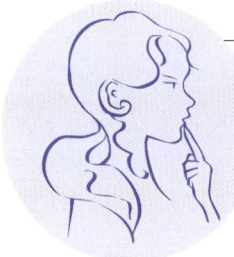

## Erfahrungsbericht

### Netzwerken als Jobretter

*Anja arbeitet als Personalleiterin bei einem Textil-
unternehmen. Sie ist für Einstellungen sowie für
Lohn- und Gehaltsabrechnungen zuständig und
direkt der Geschäftsführung unterstellt.*

*In Anjas drittem Arbeitsjahr steht die Fusion mit einem größeren Konkur-
renzunternehmen an – diese ist bereits beschlossen, als die Mitarbeiter
davon erfahren. Angst um den eigenen Arbeitsplatz macht sich breit.
Auch Anja muss fürchten, dass ihre Position der Fusion zum Opfer fällt.
Ihr ist klar, dass sie zwar nicht zur Hauptabteilungsleiterin Personal
wird aufsteigen können, aber die Leitung der Personalabrechnung im
neuen Unternehmen traut sie sich zu.*

*Sie spricht mit Herrn Meier, ihrem Geschäftsführer, über ihre Zukunft im
fusionierten Unternehmen, und legt ihre bisherigen Erfolge dar (beispielsweise die reibungslose Einführung der Software SAP). Herr Meier
schätzt ihre Arbeit und sagt ihr zu, sie als neue Abteilungsleiterin der
Personalabrechnung vorzuschlagen. Allerdings bemüht sich der bisherige
Abteilungsleiter der Konkurrenz auch um diesen Posten.*

*Anja muss also noch mehr tun, um ihre Position zu sichern. Zwar kennt sie
den Hauptabteilungsleiter Personal der Konkurrenz, Herrn von Knopf,
flüchtig von einigen Messen – aber der Kontakt ist nicht eng genug, um
ihn direkt anzusprechen. Daher sucht sie nach einem Zwischenschritt,
um an ihn heranzukommen. Anja nutzt ein Internet-Netzwerk, das sich
auf berufliche Kontakte spezialisiert hat: Dort findet sie als Verbindung
zwischen sich und Herrn von Knopf Frau Engel. Frau Engel hat Anjas
Firma bei der SAP-Einführung unterstützt. In dieser Zeit hatten die bei-*

**4**

den Frauen zusammengearbeitet. Mittlerweile, so erfährt Anja beim Studium von Frau Engels Profil, ist sie als interne SAP-Beraterin bei Herrn von Knopfs Firma beschäftigt. Anja kontaktiert Frau Engel, man telefoniert, spricht über das gemeinsame Projekt, die anstehende Fusion, und ehe Anja sich versieht, ist auch das Thema »neue Positionen im neuen Unternehmen« auf dem Tisch. Frau Engel, die guten Kontakt zu Herrn von Knopf hat, sagt Anja zu, ein gutes Wort für sie einzulegen. Herr von Knopf wird hellhörig, als er so viel Positives über die Personalleiterin des Fusionspartners erfährt. Hinzu kommt, dass der bisherige Stelleninhaber bei seinem Unternehmen nicht besonders überzeugt. Es ist noch das eine oder andere zu regeln, aber letztendlich bekommt Anja den Job.

Lässt sich das auf andere Situationen übertragen? Ja: Anja hat sich mit dem Beziehungsgeflecht der beiden Firmen vertraut gemacht und es geschickt für sich genutzt. Sie hat sich nach Schlüsselpersonen umgesehen und Meinungsmacher aktiviert.

## Regel 6:
## Wer das Beziehungsgeflecht einer Firma durchschaut, kann es für sich nutzen.

Wenn Sie in Ihrem Unternehmen etwas erreichen möchten, dann müssen Sie zunächst wissen, wer die Entscheidungen dafür trifft. Da es oft keinen direkten Kontakt zu dieser Person gibt, ist es wichtig, Mittelsmänner ausfindig zu machen, die diesen direkten Kontakt haben. Vergessen Sie daneben nicht die Meinungsmacher.

Oft haben sie keine hohe Position, aber aus bestimmten Gründen gilt ihr Wort etwas im Unternehmen, sei es, weil sie Experten sind, sei es, weil sie über ein außergewöhnliches Netzwerk verfügen.

## So durchleuchten Sie das
# Beziehungsgeflecht

Um sich das Beziehungsgefüge eines Unternehmens klarzumachen, gibt es ein praktisches Werkzeug: Die Power-Map. Sie zeigt, wer Entscheider, Schlüsselpersonen und Meinungsmacher sind. Außerdem gibt sie Auskunft, wie die Beziehungen zwischen den Personen sind: neutral, gut oder belastet. Sie können diese Aufstellung für verschiedene Fragestellungen nutzen – die Beteiligten bleiben oft gleich.

## Anjas Power-Map

Für Anjas Fragestellung sieht die Power-Map so aus:
Der Vorstand der Konkurrenz wird über die Personalbesetzung entscheiden. Der Geschäftsführer von Anjas Firma, Herr Meier, und der Hauptabteilungsleiter Personal der Konkurrenz, Herr von Knopf, sind die Schlüsselpersonen. Frau Engel, die SAP-Beraterin, ist Meinungsmacherin. Anja hat einen guten Draht zu Herrn Meier und erfährt von Frau Engel, dass diese sich gut mit Herrn von Knopf versteht. Dass die Beziehung zwischen Herrn von Knopf und dem Abteilungsleiter Lohn- und Gehaltsabrechnung belastet ist, wissen zwar weder Anja noch Frau Engel, wir tragen es der Vollständigkeit halber aber ein.
Anja nimmt indirekt Einfluss auf die Entscheidungsfindung des Vorstandes über Herrn Meier und Frau Engel, die wiederum Einfluss auf Herrn von Knopf nimmt, der Kontakt zum Vorstand hat.

4

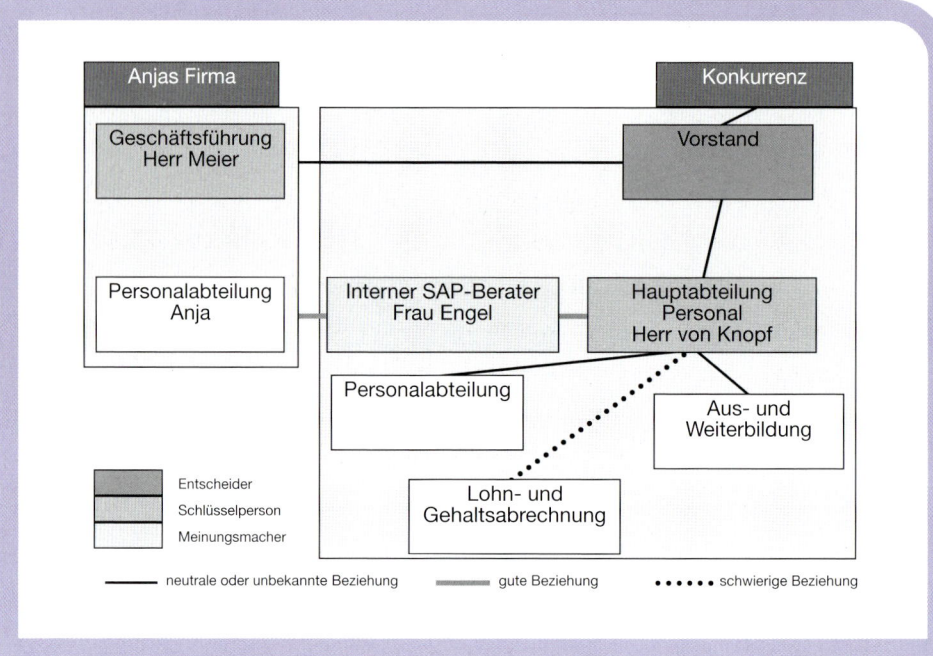

## Persönliche Ziele zählen

Eine Power-Map können Sie noch um weitere Informationen ergänzen, beispielsweise die persönliche Agenda der Akteure. Unter der persönlichen Agenda verstehe ich die Ziele dieser Personen. Diese persönlichen Ziele sind zu unterscheiden von den betrieblichen Zielen. Für Herrn Meier könnte die persönliche Agenda beispielsweise lauten, in den Aufsichtsrat der Konkurrenz zu wechseln, während auf der betrieblichen Agenda momentan steht, den Unternehmensfortbestand zu sichern, in diesem Fall mittels Fusion.

Gerade die persönlichen Ziele sind in der Power-Map entscheidend. Wenn ein 58-jähriger IT-Leiter auf der persönlichen Agenda stehen hat, dass er mit 60 in den Vorruhestand gehen möchte, wird das für seine Entscheidungen im Unternehmen andere Konsequenzen haben, als wenn er plant, in zwei Jahren zum IT-Vorstand aufzusteigen. Stellen Sie sich

vor, er hat eine Entscheidungsvor-
lage zu erstellen, in der es um die
Auslagerung der IT-Abteilung geht.
Wenn er in den Vorstand aufsteigen
will, wird er sich mit Sicherheit gegen die Auslagerung stellen und
entsprechende Maßnahmen einlei-
ten. Denn sonst stünde er ja ohne
zu verantwortenden Fachbereich da.
Sollte er vom Vorruhestand träumen,
könnte seine Empfehlung eventuell
auch anders ausfallen, weil die Kon-
sequenz ihn nicht mehr betrifft.

# TIPP

### Persönliche Agenda

→ Halten Sie die Ohren offen –
Hinweise auf persönliche Ziele
machen nicht selten als Tratsch die
Runde. Auch Hobbys können Hinweise geben: Ein aktiver Typ, der
viel Sport treibt und im Urlaub weit
reist, wird wohl auch im Unternehmen vorankommen wollen. Passive
Couchsitzer haben selten den Chef-
sessel im Auge.

# ÜBUNG

# Erstellen Sie eine
# Power-Map!

**4**

☼ Zeichnen Sie eine Power-Map zu Ihrem Unternehmen oder zu Ihrer Abteilung.
Wer sind die Entscheider? Wer nimmt Einfluss auf sie, wer sind also die
Schlüsselpersonen? Und wer sind die Meinungsmacher?

☼ Wissen Sie, wer gute und wer schwierige Beziehungen unterhält? Wer hört auf
wen? Wer kann mit wem? Wer sägt an wessen Stuhl?

☼ Ergänzen Sie die Power-Map, soweit möglich, um die persönliche Agenda der
jeweiligen Personen. Zunächst könnte auch eine Kurzbeschreibung des Cha-
rakters weiterhelfen.

## Eigene Wünsche durchsetzen

Anja hat durch ihr geschicktes Vorgehen die Position der Abteilungsleiterin Lohn- und Gehaltsabrechnung im fusionierten Unternehmen bekommen. Sie hat sich dort gut eingelebt, vermisst aber einige ihrer alten Aufgaben, zum Beispiel die Personaleinstellungen. Durch Zufall erfährt sie, dass die Leiterin der Personalabteilung, Frau Müller, gerne Kinder hätte. Schon bald, das steht für Anja fest, wird diese also wegen Schwangerschaft ausfallen. Von Herrn von Knopf, ihrem neuen Chef, weiß Anja, dass er gerne in den Vorstand aufsteigen möchte. Anja weiß auch, dass er ein Faible für Kostensenkungsprojekte hat: Sie bieten ihm eine gute Möglichkeit, sich im Unternehmen und bei den Vorgesetzten zu profilieren.

Anja nutzt diese Informationen: Gegenüber Herrn von Knopf erwähnt sie, dass sie im alten Unternehmen die gesamte Personalleitung unter sich hatte und im Bedarfsfall, bei Urlaub oder Krankheit von Frau Müller (von Schwangerschaft spricht sie natürlich nicht), gern die Vertretung übernehmen würde. Frau Müller versorgt sie mit der gleichen Information. Als die eines Tages tatsächlich schwanger wird, hat Frau Müller auch gleich eine Lösung für den betrieblichen Engpass parat. Herr von Knopf ist sofort einverstanden.

Dieses Praxisbeispiel zeigt, dass Sie tatsächlich Vorgänge im Unternehmen beeinflussen können. Warten Sie nicht, bis die Entscheidung gefallen ist! Greifen Sie schon in den Prozess der Entscheidungsfindung ein, oder, noch besser, legen Sie den Grundstein bereits, bevor eine Entscheidung ansteht.

## Wo genau stehe ich?

Zu Ihrem persönlichen Unternehmensnetzwerk gehören natürlich auch Sie. Welche Position haben Sie im Unternehmen?

→ Wer steht hinter Ihnen und wird Sie im Zweifelsfall unterstützen? Auf wen können Sie bauen?

→ Wer wird hingegen jede Ihrer Schwächen für seinen eigenen Vorteil zu nutzen versuchen? Wer Ihrer Kollegen wartet nur darauf, dass Sie einen Fehler machen?

Zum Teil kann auch hier die Power-Map weiterhelfen, aber es gibt ein besseres Werkzeug: das Kommunikationsmodell. Es zeigt, wer mit wem spricht und wie die Informationen fließen.

## Anjas Kommunikationsmodell

Für Anja und einige Führungskräfte des Unternehmens sieht das Kommunikationsmodell folgendermaßen aus:

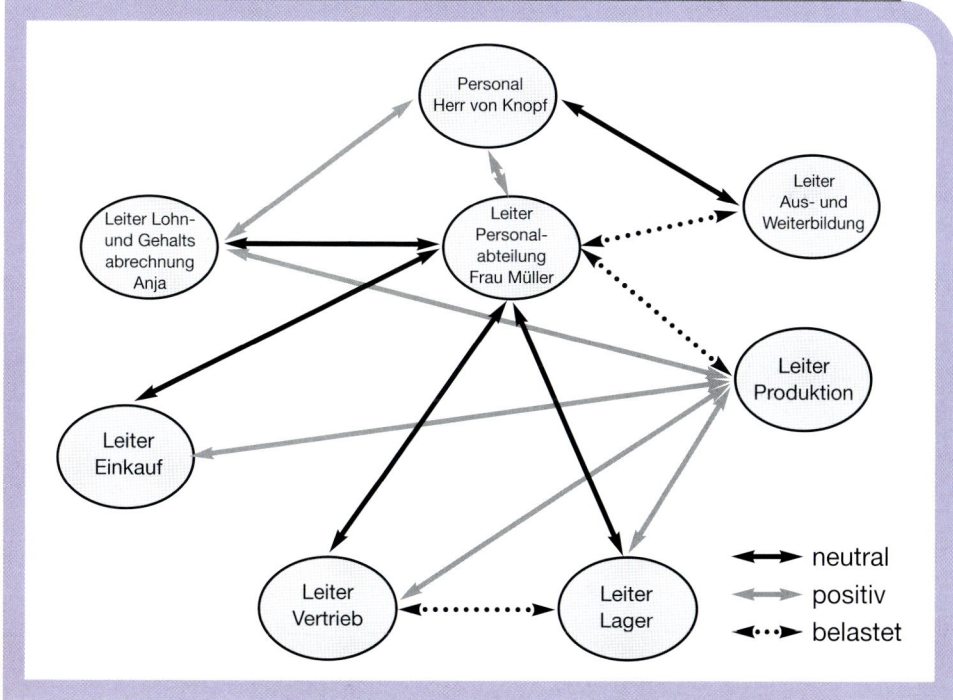

4

Während Anja nur mit ihrem Hauptabteilungsleiter, dem Leiter der Produktion und der Leitung der Personalabteilung zu tun hat, sieht das bei anderen vielfältiger aus. Lediglich der Leiter Aus- und Weiterbildung ist schlechter dran als Anja. Am besten schneidet Frau Müller ab: Sie hält Verbindung zu sämtlichen anderen Abteilungen.

Bei Anja ist die Kommunikation zu jedem ihrer Partner positiv oder neutral. Frau Müllers Kommunikation mit dem Abteilungsleiter Aus- und Weiterbildung und mit dem Leiter der Produktion hingegen ist belastet. Sie hat also nicht nur Freunde. Was bedeutet das für Anja? Sie hat ein gutes Ansehen im Unternehmen und sollte auf jeden Fall versuchen, ihre Kontakte zu den anderen Abteilungsleitern peu à peu zu intensivieren.

## ÜBUNG

# Entwerfen Sie ein Kommunikations-modell!

Wie sieht es mit Ihrer Kommunikation im Unternehmen aus?

Zeichnen Sie ein Kommunikationsmodell nach Anjas Vorbild für Ihr eigenes Unternehmen. Wo stehen Sie? Wie viele Kontakte haben Sie? Und von welcher Qualität?

Wo lassen sich Ihre Kontakte ausbauen oder die Qualität verbessern?

Entwerfen Sie eine kleine Strategie, wie Sie ein oder zwei wichtige Kontakte neu knüpfen oder verbessern können: mit einer fachlichen Frage oder einem Mittagessen? Wie können Sie dem anderen nützen?

# Suchen Sie nach Karrierebeschleunigern

Als Karrierebeschleuniger bezeichne ich Personen, die Ihnen im beruflichen Fortkommen von Nutzen sein können. Immer wieder können wir aber auch feststellen, dass es im Unternehmen Personen gibt, die aufgrund ihrer Position und Aufgabenstellung per se als Karrierebeschleuniger fungieren müssten, das aber keineswegs tun. Es reicht eben nicht aus, den Posten »Ausbildungsleiter« oder das Amt »Gleichstellungsbeauftragter« innezuhaben, sondern man muss diese Posten und Ämter auch mit Leben füllen und sich ernsthaft um die Kollegenschaft bemühen.

Woran können Sie nun feststellen, wer Ihnen nützen und Ihre Karriere beschleunigen kann? Prüfen Sie anhand der folgenden fünf Punkte, wer das Zeug hat, Sie zu unterstützen! Erfüllt jemand auch nur einen Punkt nicht ganz, streichen Sie ihn besser von Ihrer Liste. Denn es ist besser, nur einen Karrierebeschleuniger eindeutig zu identifizieren, als fünf auszuwählen, die Sie dann enttäuschen.

Zum Karrierebeschleuniger taugt, wer

1. selbst eine ausgezeichnete Karriere vorzuweisen hat und
2. noch mindestens zwei Karrierestufen im Unternehmen vor sich hat und
3. im Unternehmen sehr gut vernetzt ist und
4. einen ausgeglichenen Eindruck macht und
5. ausgesprochen oft und gern andere an seinem Wissen und seiner Erfahrung teilhaben lässt.

→ Zu ❶ und ❷: Jemand, der schon nahezu alles erreicht hat, ist nicht mehr »heiß«. Nur wer selbst noch ehrgeizige Ziele für sich selbst verfolgt, ist mit Herzblut bei der Sache, er kann mit seinem Engagement als Karrierebeschleuniger tätig werden. Halten Sie Ausschau nach solchen Kollegen!

4

**Freunde?**

→ Ist es wichtig, dass Sie sich mit Ihrem Karrierebeschleuniger gut verstehen? Wenn es passt: ja – das muss aber nicht sein. Freundschaft kann nämlich, wenn es um die gegenseitige objektive Bewertung geht, auch hinderlich sein.

Zu ❸: Gute Vernetzung sichert einen Informationsvorsprung. Es ist wichtig, dass Ihr Karrierebeschleuniger im Unternehmen gut vernetzt ist, denn er soll sich ja für Sie einsetzen und als Schlüsselperson oder Meinungsmacher fungieren können. Im besten Fall verfügt er über gute Kontakte zur Unternehmensführung, denn dort werden die wichtigen Entscheidungen schließlich getroffen. Wer hier gute Beziehungen hat, besitzt auch allen anderen gegenüber einen Informationsvorsprung. Wer hingegen selbst keinen guten Stand im Unternehmen hat, kann Ihnen im Zweifelsfall sogar eher schaden als nützen.

Zu ❹: Vielleicht kommt Ihnen die Behauptung, dass zum Karrierebeschleuniger nur taugt, wer einen ausgeglichenen Eindruck macht, merkwürdig vor. Aber nur ausgeglichene Menschen verfügen über die nötige Portion Gelassenheit, die unabdingbar ist, wenn man auch in stressigen Situationen den Überblick behalten will. Es wird immer wieder Situationen geben, in denen es heiß hergeht und derjenige am ehesten damit zurecht kommt, der einen kühlen Kopf bewahrt.

Zu ❺: Kennen Sie einen Kollegen, der sein Wissen wie einen Schatz hütet und für sich behält? Die gibt es in beinahe jedem Unternehmen. Aber nur wer gern bereit ist, sein Wissen mit seinen Kollegen zu teilen, wird auch Sie daran teilhaben lassen. Kluge Menschen haben die Erfahrung gemacht, dass geteiltes Wissen zu ihnen zurückkommt und letztlich auch ihnen selbst nützt.

Vorsicht ist allerdings geboten, wenn Ihr Kollege seine Informationen nur an Sie und sonst niemanden weitergibt – dann entsteht schnell ein Gefühl von »Wir gegen den Rest«, das Ihnen auf Dauer eher schaden als nützen wird.

# Mentorenprogramme nutzen

Beim Mentoring geht es darum, dem Mentee einen Ratgeber und Förderer, den Mentor zur Seite zu stellen. Dabei profitiert der Mentee von den Erfahrungen und Beziehungen des Mentors. Mentorenprogramme gibt es nicht nur im Berufsleben, sondern auch bereits im Schul- und Studienbereich. So verschieden die angewandten Methoden auch sein können: Mentoring dient immer dazu, effektiv und effizient die Förderung des Mentees voranzutreiben.

Mentorenprogramme für den Beruf werden beispielsweise von Industrie- und Handelskammern (IHK), den Handwerkskammern und von fortschrittlichen Arbeitgebern angeboten, aber auch bei dem für Ihren Beruf zuständigen Berufsverband, den Gewerkschaften und Wirtschaftsförderungseinrichtungen Ihrer Stadt oder Region. Achten Sie dabei auf folgende Punkte:

- Wie lange existiert das Mentorenprogramm bereits?
- Wie intensiv wird es genutzt?
- Wie erfahren sind die Mentoren?
- Gibt es Aussagen über die Erfolge?
- Fallen für Sie Kosten an?

Am besten fragen Sie bereits im Einstellungsgespräch danach, ob Ihr künftiger Arbeitgeber Mentorenprogramme anbietet. Entweder, weil Sie es als Mentee nutzen möchten, oder weil Sie sich als erfahrener Kollege als Mentor zur Verfügung stellen wollen. In beiden Fällen erfährt Ihr Gesprächspartner, dass Sie bereit sind, mehr als das Übliche zu leisten. Das gibt in der Bewertung einen dicken Pluspunkt. Ob ein Mentor eine finanzielle Entschädigung bekommt, hängt vom speziellen Mentorenprogramm ab. Nicht selten werden Mentoren aber ehrenamtlich tätig, erhalten also weder ein Honorar noch eine Aufwandsentschädigung. Auf diese Weise wird sichergestellt, dass nur wirklich motivierte Mentoren als solche arbeiten.

4

Und wer einmal von einem Mentor profitieren durfte, für den ist es selbstverständlich, auch als Mentor aktiv zu werden.

# Netzwerke
## helfen nach oben
## und federn den Fall

Dass man als gut vernetzter Mensch leichter an wertvolle Informationen und nützliche Kontakte kommt, als wenn sich die eigenen Beziehungen auf eine Handvoll Freunde beschränkt, liegt auf der Hand. Ich kenne viele Menschen, die darüber klagen, von Haus aus nicht mit dem nötigen Vitamin B ausgestattet zu sein. Sie meinen, dass die, denen Beziehungen in die Wiege gelegt wurden, besser im Leben zurechtkommen. Das kann sogar sein, aber es gibt Möglichkeiten, dieses Defizit auszugleichen. Bauen Sie sich Ihr eigenes Netzwerk!

### Erfahrungsbericht

#### Rettende Kontakte

*Nils ist 30 Jahre alt, verheiratet, hat eine kleine Tochter und gerade ein Haus gekauft. Vor fünf Monaten hat er seinen Arbeitgeber gewechselt und ist nun bei einem Softwarehersteller im Vertrieb tätig. Sein Job bringt es mit sich, dass er jede Woche quer durch Europa fliegt, aber da er gut verdient, nimmt er das in Kauf. Alles scheint gut zu laufen, bis es Nils wie einen Schlag trifft: Man kündigt ihm in der Probezeit. Seine Umsätze sind zwar gut, aber das Unternehmen hat seine Strategie geändert. Innerhalb von zwei Wochen muss Nils gehen, und es gibt keine Möglichkeit, gerichtlich gegen die Kündigung vorzugehen.*

*Nils steht auf der Straße. Mit Familie und den Kreditverpflichtungen für das Haus. Da erinnert er sich an Diana, eine Bekannte, von der er weiß, dass sie in der Branche sehr gut vernetzt ist. Diana verliert keine Zeit und schickt E-Mails an beinahe 100 Personalberater (Headhunter), von denen sie selbst im Laufe der vergangenen Jahre kontaktiert wurde. Sie fügt ein Kurzprofil von Nils und seine Kontaktdaten bei. Von den angeschrieben Personalberatern meldet sich über die Hälfte innerhalb von 48 Stunden, und einige können Nils Vorstellungsgespräche verschaffen. Es dauert gerade mal zehn Tage, bis Nils zwei unterschriftsreife Jobangebote auf dem Tisch hat. Er kann tatsächlich nahtlos seinen neuen Job antreten, dank Diana und ihrer guten Kontakte!*

## Jeder kennt jeden über sechs Ecken

Nach der These des US-Psychologen Stanley Milgram kennt jeder jeden auf der Welt. Nicht direkt, aber über sechs Ecken. Überlegen Sie einmal: Über höchstens sechs Ecken sind Sie mit Angela Merkel, Tom Cruise, Bill Gates, dem ältesten Mann der Welt und auch mit mir bekannt. Nutzen Sie dieses Wissen!

Fragen Sie sich bei jeder größeren Herausforderung (Jobsuche, Karriereplanung, aber auch Hausbau oder Erbschaftsangelegenheiten), wer Ihnen mit seiner Erfahrung und seinen Beziehungen dabei helfen könnte. Beschränken Sie sich dabei nicht auf Ihren Bekanntenkreis! Wer sind die Fachleute oder Entscheider auf dem Gebiet? Und kennen Sie vielleicht jemanden, der diese Person kennt?

Nehmen wir an, Sie wollen eine Ausbildung bei einer Bank machen. Wen kennen Sie in der Banken-Szene? Ihren Kundenberater? Prima, damit ist ein Anfang gemacht. Fragen Sie ihn nach dem Geschäftsstellenleiter. Mit hoher Wahrscheinlichkeit kann er den Kontakt herstellen – ein erster Schritt ist getan.

4

Sie haben also deutlich weniger als sechs Ecken benötigt, um an Ihren Gesprächspartner zu kommen.

Weitere Möglichkeiten, an nützliche Kontakte zu kommen, sind Industrie- und Handelskammern, Handwerkskammern, Berufsverbände, Business-Clubs, Frauennetzwerke oder Netzwerke mit wohltätigem Charakter (Rotary, Lions-Club …). Manche Arbeitgeber treffen Sie auf speziellen Recruiting-Börsen, die üblicherweise über die Tageszeitungen angekündigt werden. Oder Sie besuchen Messen und Ausstellungen, auf denen Ihr Wunscharbeitgeber mit Vorträgen oder einem Ausstellungsstand vertreten ist.

## Netzwerkbeschleuniger Internet

Schier unendliche Möglichkeiten des Kontaktaufbaus und der Beziehungspflege bietet Ihnen das Internet. Schauen Sie doch einmal, so wie Anja (→ S. 109 f.) es gemacht hat, bei einem Berufsnetzwerk vorbei (einige Adressen finden Sie im Anhang). Dort finden Sie zwar nicht jeden, aber doch schon sehr viele, die Ihnen nützlich werden können, sei es mit Informationen oder mit Kontakten.

Eine gut gemachte Vernetzungsplattform zeichnet sich dadurch aus, dass sich dort viele Menschen engagieren: Es gibt Diskussionsgruppen zu beruflichen und privaten Themen, Sie können Kontakte zu Menschen mit einem ähnlichem beruflichen Background aufnehmen und sich an den Diskussionen beteiligen.

Der nächste Schritt ist dann, die Virtualität zu verlassen und sich auch persönlich auszutauschen. Das fällt auf diese Weise erstaunlich leicht. Probieren Sie es einfach mal aus!

Mit sehr vielen Menschen in Kontakt treten können Sie, wenn Sie zu Ihrem beruflichen Spezialgebiet eine Diskussionsgruppe als Moderator leiten. Auf diese Weise erhöhen Sie Ihre Sichtbarkeit und genießen automatisch den Expertenstatus.

# Regel 7:
## Netzwerke beschleunigen den Weg nach oben –
### und fangen Sie im Notfall auch auf.

Ein belastbares Netzwerk ist ein Grundstein einer jeder Karriere. Das gilt auch im Fall eines Karriereknicks. Wer sich, beispielsweise wenn sein Arbeitsplatz bedroht ist oder wenn er ihn bereits verloren hat, auf sein Netzwerk besinnt, kann seine Ausgangsposition entscheidend verbessern. Über Internet-Netzwerke kann man leicht Kontakt zu potenziellen Arbeitgebern (Personalabteilung) aufnehmen. Auch Headhunter, die ihr Geld mit der Vermittlung von Fach- und Führungskräften verdienen, tummeln sich in Netzwerken zuhauf. Sie wissen genau, wer gerade wen sucht. Und sagen Sie Ihren Freunden und Bekannten, dass Sie einen Job suchen. Die besten Jobs (und übrigens auch Wohnungen) findet man oft über Beziehungen.

**4**

## TIPP

### Vorsorgen

→ Die beste Grundlage, um Ihr Netzwerk in Krisenzeiten nutzen zu können, ist, zuvor anderen zu helfen: Einer Ihrer Bekannten sucht einen Job? Bieten Sie an, sich umzuhören oder – bei einer konkreten Ausschreibung – beim Personaler ein gutes Wort einzulegen. Bieten Sie Ihre Unterstützung an, wo Sie können. Dann werden Ihnen auch andere gerne helfen, wenn Sie sie brauchen.

## Website der Autorin

silkenath development,
Business Coaching,
www.silkenath.de
*Wollen Sie wissen, wie Business Coaching Ihrer Karriere den entscheidenden Kick geben kann? Dann sprechen Sie mich an.*

## Internetadressen, die weiterhelfen

XING, Vernetzungsplattform, www.xing.com
*XING ist eine Plattform mit mehreren Millionen Mitgliedern weltweit, auf der Arbeitgeber, Arbeitnehmer und Arbeitsuchende geschäftliche, aber auch private Kontakte knüpfen können. XING hat seine Wurzeln in Deutschland.*

LinkedIn, englischsprachige Vernetzungsplattform, www.linkedin.com
*Mit ebenfalls mehreren Millionen Nutzern ist LinkedIn ein weiteres sehr großes Netzwerk für Professionalisten. Seine nordamerikanischen Wurzeln lassen es zu, auch hier entsprechende Beziehungen zu knüpfen. Insofern ist LinkedIn insbesondere für alle relevant, die beruflich viel in diesem geographischen Raum zu tun haben oder künftig zu tun haben wollen.*

Experteer, Stellenangebote, Stellensuche und Headhunting, www.experteer.de
*Experteer vermittelt Karrierechancen für hochqualifizierte Fach- und Führungskräfte: Arbeitnehmer stellen ihr Jobprofil ein und definieren ihr nächstes Karriereziel. So können sie von Headhuntern und potenziellen Arbeitgebern, die ihrerseits auch Stellenangebote einstellen, gefunden werden.*

Forum Mentoring, www.forum-mentoring.de/forum/wir.htm
*Das Forum Mentoring bündelt und koordiniert die an deutschen Hochschulen vorhandenen Mentoring-Programme. Hier können Sie nach passenden Programmen suchen.*

Industrie- und Handelskammern, www.dihk.de
*Die Industrie- und Handelskammern, IHK, vertreten als eigenverantwortliche öffentlich-rechtliche Körperschaften der wirtschaftlichen Selbstverwaltung das Interesse ihrer zugehörigen Unternehmen gegenüber Kommunen, Landesregierungen sowie Politik und Öffentlichkeit. Aber auch Arbeitnehmer finden hier Ansprechpartner zu berufsständischen Fragestellungen und zu spezifischen Bildungsangeboten.*

Handwerkskammern beispielsweise www.hwk-stuttgart.de oder www.hwk-hamburg.de

*Die Handwerkskammern bieten berufsspezifische Beratungsleistungen und informieren über Aus- und Weiterbildungsangebote.*

Seminarportal, www.seminarportal.de
*Datenbank mit Informationen über Seminar-Anbieter zu berufsspezifischen Themen wie Organisation, Personal, Persönlichkeitsentwicklung, Steuern und Finanzen.*

FrauenSeminarFinder, www.frauenseminar-finder.de
*Der FrauenSeminarFinder ist eine bundesweite Informationsplattform für Frauenseminare. Sie gibt den an Weiterbildung Interessierten eine Marktübersicht in besonders gut strukturierter und übersichtlicher Form mit einem Service zu Frauenhotels oder frauenspezifischen Links im Internet.*

www.nitor.de
*Seminare zu Moderation, Kommunikation und Konfliktkompetenz; dazu gibt es ein sehr gutes e-Learning-Angebot.*

www.zeitzuleben.de
*Internetportal zu Gelassenheit und Selbstmanagement, unter anderem mit Tipps zu Kommunikation und Gesprächsführung.*

# Bücher, die weiterhelfen

## Selbstmarketing und Selbstmanagement

Besser-Siegmund, Cora: *Coach Yourself. Mit NLP die eigenen Fähigkeiten voll ausschöpfen.* ECON Verlag GmbH, Düsseldorf

Coelius, Claus: *Fit fürs Assessment-Center. Mit Aufgaben und Checklisten.* Claus Coelius, CC-Verlag, Hamburg

Dannemeyer, Ralf: *Motivation. Mehr Spaß im Job – so beflügeln Sie sich selbst und andere.* Gräfe und Unzer Verlag, München

Hovey, Craig: *Die Kakerlaken-Strategie. 10 Gebote für das Überleben im Beruf.* dtv

Lejeune, Erich: *Du schaffst, was Du willst!* Redline Wirtschaftsverlag, Heidelberg

Öttl, Christine; Härter, Gitte: *Selbst-Marketing. Zeigen Sie, was in Ihnen steckt.* Gräfe und Unzer Verlag, München

Preuss-Scheuerle, Birgit: *Entscheide und … gewinne! Schluss mit dem ewigen »Vielleicht«.* Gräfe und Unzer Verlag, München

Reiter, Michael: *Ihre Ausstrahlung erkennen, entwickeln und gezielt ein-*

*setzen.* Haufe, Planegg bei München

Sprenger, Reinhard: *Mythos Motivation. Wege aus einer Sackgasse.* Campus Verlag, Frankfurt/M.

Vorbeck, Marion: *Image-Training. Mehr Ausstrahlung, mehr Erfolg. Vom Outfit bis zum Smalltalk.* Gräfe und Unzer Verlag, München

Wolff, Inge: *Knigge im Job.* Gräfe und Unzer Verlag, München

## Selbstbewusstsein

Baum, Tanja: *Die Kunst, freundlich Nein zu sagen.* Redline, Frankfurt

Hanh, Thich Nhat: *Ärger. Befreiung aus dem Teufelskreis destruktiver Emotionen.* Goldmann Verlag, München

von Witzleben, Ines/Schwarz, Aljoscha: *Endlich frei von Angst und Panik.* Gräfe und Unzer Verlag, München

## Kommunikation und Rhetorik

Bonneau, Elisabeth: *Erfolgsfaktor Smalltalk.* Gräfe und Unzer Verlag, München

Hertzer, Karin: *Rhetorik im Job. In jeder Situation überzeugen.* Gräfe und Unzer Verlag, München

Mehrmann, Elisabeth: *Schneller zum Ziel durch klare Kommunikation. Profitipps für den beruflichen Alltag.* Bildung und Wissen Verlag, Nürnberg

Rhode, Rudi/Meiy, Meis, Mona/Bongartz, Ralf: *Angriff … ist die schlechteste Verteidigung. Der Weg zur kooperativen Konfliktbewältigung.* Junfermann, Paderborn

Wahl, Heidi: *Rhetorik.* Gräfe und Unzer Verlag, München

## Gelassenheit und Stress-Management

Öttl, Christine; Härter, Gitte: *Weg mit dem Stress. Entspannt und effektiv im Job.* Gräfe und Unzer Verlag, München

Selby, John: *Was mich stark macht. Mehr Lebensqualität durch Mind-Management.* dtv, München

# Filme, die weiterhelfen

Wer ist Mr. Cutty? (USA, 1996). Mit Frauennetzwerken in einer Männerwelt erfolgreich sein

Die Akte Jane (USA, 1997). Geheime Spielregeln und Intrigen: Mit den eigenen Waffen geschlagen

# Mehr Glück & Erfolg

## GU Clever leben – stellen Sie die Weichen auf Erfolg

ISBN 978-3-7742-7725-0
128 Seiten

ISBN 978-3-8338-0135-8
128 Seiten

ISBN 978-3-7742-6952-1
128 Seiten

Preis
je Band:
12,90 € [D]

ISBN 978-3-7742-7726-7
128 Seiten

ISBN 978-3-8338-0197-6
128 Seiten

ISBN 978-3-8338-0702-2
128 Seiten

## Clevere Bücher für clevere Leser:

**Einsteigen** – aktuelle Themen auf den Punkt gebracht

**Informieren** – erfahrene Autoren geben Rat

**Ausprobieren** – viele praktische Übungen und Tipps

Willkommen im Leben.

# Impressum

© 2008 GRÄFE UND
UNZER VERLAG GmbH,
München.
Alle Rechte vorbehalten.
Nachdruck, auch auszugs-
weise, sowie Verbreitung
durch Film, Funk, Fernsehen
und Internet, durch fotome-
chanische Wiedergabe, Ton-
träger und Datenverarbei-
tungssysteme jeder Art nur
mit schriftlicher Genehmi-
gung des Verlages.

Programmleitung:
Christof Klocker
Leitende Redaktion:
Anita Zellner
Redaktion:
Ina Raki
Lektorat:
Ruth Wiebusch
Umschlaggestaltung
und Layout:
independent Medien-Design
Coverillustration:
Wai / Die Illustratoren
corinna hein
Illustrationen:
Sonja Heller
Herstellung:
Renate Hutt
Satz:
Uhl + Massopust, Aalen
Repro:
Longo AG, Bozen
Druck und Bindung:
Druckhaus Kaufmann, Lahr

## Umwelthinweis

*Dieses Buch wurde auf chlor-
frei gebleichtem Papier ge-
druckt. Um Rohstoffe zu
sparen, haben wir auf Folien-
verpackung verzichtet.*

ISBN
978-3-8338-0987-3
1. Auflage 2008

## Wichtiger Hinweis

Die Beiträge in diesem Buch
sind sorgfältig recherchiert
und entsprechen dem aktuellen Stand.
Abweichungen, beispielsweise
durch seit Drucklegung ge-
änderte Preise, Gebühren,
Anlageentwicklungen,
WWW-Adressen etc., sind
nicht auszuschließen. Weder
die Autorin noch der Verlag
können für eventuelle Nachteile oder Schäden, die aus
den im Buch gegebenen prak-
tischen Hinweisen resultieren,
eine Haftung übernehmen.

*Ein Unternehmen der*
GANSKE VERLAGSGRUPPE

## Unsere Garantie

Alle Informationen in diesem Ratgeber sind sorgfältig und gewis-
senhaft geprüft. Sollte dennoch
einmal ein Fehler enthalten sein,
schicken Sie uns das Buch mit
dem entsprechenden Hinweis an
unseren Leserservice zurück. Wir
tauschen Ihnen den GU-Ratgeber
gegen einen anderen zum gleichen oder ähnlichen Thema um.

## Liebe Leserin
## und lieber Leser,

wir freuen uns, dass Sie sich für
ein GU-Buch entschieden haben.
Mit Ihrem Kauf setzen Sie auf die
Qualität, Kompetenz und Aktuali-
tät unserer Ratgeber. Dafür sagen
wir Danke! Wir wollen als führen-
der Ratgeberverlag noch besser
werden. Daher ist uns Ihre Meinung wichtig. Bitte senden Sie
uns Ihre Anregungen, Ihre Kritik
oder Ihr Lob zu unseren Büchern.
Haben Sie Fragen oder benötigen
Sie weiteren Rat zum Thema? Wir
freuen uns auf Ihre Nachricht!

**Wir sind für Sie da!**
Montag – Donnerstag:
8.00 – 18.00 Uhr;
Freitag: 8.00 – 16.00 Uhr
Tel.: 0180 - 5 00 50 54* *(0,14 €/Min. aus
Fax: 0180 - 5 01 20 54* dem dt. Festnetz/
E-Mail: Mobilfunkpreise
können abweichen.)
leserservice@graefe-und-unzer.de

**P. S.:** Wollen Sie noch mehr
Aktuelles von GU wissen, dann
abonnieren Sie doch unseren
kostenlosen GU-Online-Newsletter
und/oder unsere kostenlosen
Kundenmagazine.

**GRÄFE UND UNZER VERLAG**
Leserservice
Postfach 86 03 13
81630 München